Coffee Café Caffè コーヒー

1杯咖啡

經典&流行配方、沖煮器具教學和拉花技巧

永恆經典、人氣花式、流行創意咖啡……
每天5分鐘，在家自己煮咖啡

美好生活實踐小組 編著

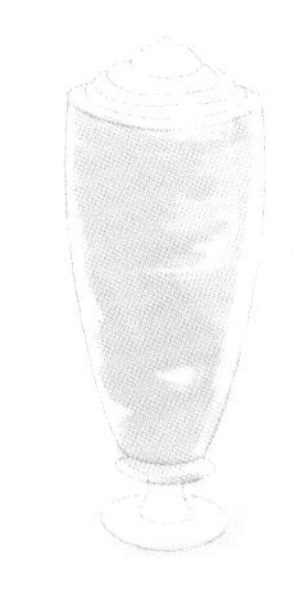

朱雀文化

目錄
Contents

Part 1 *Classic Coffee*

一定要學會的經典咖啡

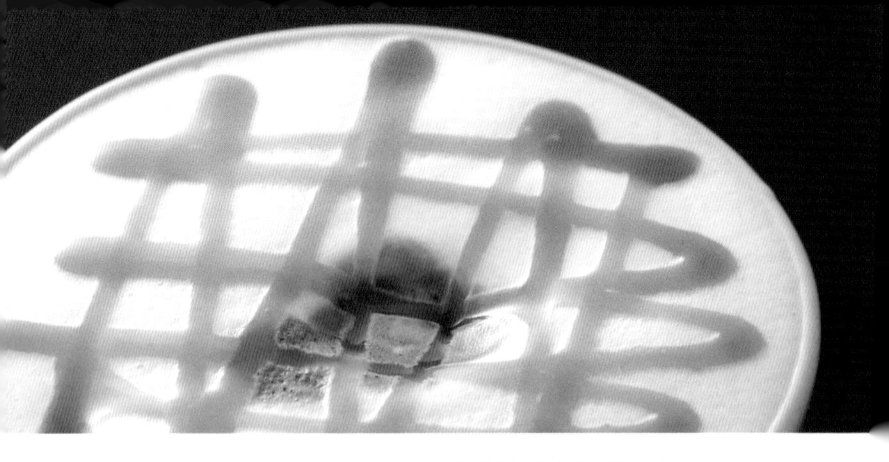

Part 2 *Favorite Flavors*

最受歡迎的花式咖啡

Part 3 *Chic Flavors*

也來試試流行創意冰咖啡

世界各處嗜喝咖啡的人不少，已成為生活中飲食的一部份。喜歡到處旅遊、愛喝咖啡的讀者們，當你在世界各地旅遊、觀賞名勝古蹟的同時，不妨逛逛當地的超市、食品店、百貨公司或商場，也許能發現各種品牌的咖啡。雖然這些品牌有些國內有廠商代理，但產品不若國外齊全。看看以下這些從旅遊地中帶回的咖啡禮物，不論自己使用或當作伴手禮，都是極佳的選擇！

LAVAZZA

成立於1895年的義大利知名咖啡品牌之一，國內有正式代理，最常見到的是金磚Qualita Oro 和藍色包裝的Gold Selection、Grand Espresso產品。而LAVAZZA咖啡商品很多種，在國外還買得到咖啡囊等產品，但有的需配合專門的咖啡機。

Lavazza Allegro Doux
溫和口味咖啡囊

Lavazza 金磚
Qualita Oro 咖啡

Segafredo ZANETTI

Segafredo Zanetti Emozioni
100% 阿拉比卡咖啡

義大利老字號品牌，在歐洲許多國家都能看到Segafredo ZANETTI的咖啡店，目前全世界已有40多個國家有店面，因義式咖啡而聞名。一般可見到EMOZIONI 100%阿拉比卡咖啡、ESPRESSO MOKA咖啡、ESPRESSO CASA咖啡等。

La San Marco

1920年成立於義大利，經營的咖啡店在義大利市佔率相當高。通常以咖啡機、磨豆機等機器聞名，但也有推出不少咖啡產品，包括低咖啡因咖啡，適合偶爾想品嘗一杯咖啡的人。

La San Marco 經典研磨咖啡粉

FAUCHON EXPRESSO

法國傳統名店FAUCHON，店外觀和內部擺設走的是浪漫奢華路線，專門販售甜點、糖果、茶葉、香料等，是許多旅遊法國的人必到的食品店。它也推出了一系列咖啡，多種口味可供挑選。

Fauchon Expresso
特調研磨咖啡

義大利 illy 中烘焙研磨咖啡粉

illy

創立於1933年的illy咖啡，是義大利知名的咖啡品牌，只生產單一口味的咖啡。以受歡迎的ESPRESSO咖啡粉來說，就有不同烘焙程度可供選擇。另也有賣咖啡豆，讓喜歡自己在家磨豆的人親自嘗試。

LION VANILLA

有著鮮豔的紅色包裝，附贈一個金色夾子的獅子LION咖啡，是夏威夷當地有名的咖啡品牌。其中加入了香草香味的香料咖啡，咖啡粉帶有濃郁的香草風味。用後的咖啡渣還可以當作芳香劑，是最實用的咖啡。

Lion Vanilla Coffee

Chicco d'Oro CAFF

這是瑞士的咖啡品牌，產品為咖啡粉和咖啡豆，口味上則有傳統、義式濃縮咖啡。這個品牌的咖啡在歐洲、日本、香港地區比較常見。

Chicco d'Oro Tradition Coffee

GOLDEN RABBITS COFFEE

去過印尼峇里島旅遊的人，一定看過金兔黃金咖啡，是當地的名產咖啡之一。這是特殊品種的咖啡，咖啡可冷熱品嘗，搭配牛奶、鮮奶油，皆有風不同味。

金兔黃金咖啡

BUTTERFLY GLOBE COFFEE

這款金色外包裝，以蝴蝶為商標的蝴蝶牌環球黃金咖啡，也是印尼峇里島當地的名產。它是採用阿拉比卡低咖啡因高山咖啡豆，以特殊的烘焙方式，讓咖啡香味為更濃郁。

蝴蝶牌環球黃金咖啡

咖啡新手對哪些問題最感興趣呢？看看以下的「咖啡Q＆A」，是不是解決了你不少疑惑呢？

Q. 咖啡為什麼會苦？

A. 大多數人認為咖啡會苦，是因為所含的咖啡因所致，其實僅有10%的苦成分來自咖啡因。那剩餘的90%是什麼？第一個原因是「褐色色素」，它是氨基酸、綠原酸內脂等為主的物質。咖啡豆經過烘焙後，褐色色素增多，苦味自然增強，這也是不含咖啡因的咖啡豆也會苦的原因。而阿拉比卡種和卡內佛拉種的咖啡豆，會因褐色色素的多寡而苦度不同。

另外，咖啡豆所含的氨基酸或蛋白質，經過加熱後會產生DKP物質，這也是導致咖啡變苦的原因。所以，只要改變咖啡豆的種類、烘焙的程度和烘焙方法，是有可能控制咖啡苦度的。

Q. 為什麼買到的咖啡豆是褐色的？

A. 生的咖啡豆是淡綠色的，經過烘焙後產生褐色色素，變成褐色。烘焙的過程中，因氨基酸、綠原酸內脂等褐色色素的總量，以及比例大小的變化，會出現不同程度的褐色，這種褐色色素也是導致咖啡苦味的原因。

Q. 買咖啡粉好？還是咖啡豆好？

A. 購買咖啡時，通常有「粉」和「豆」兩種選擇。目前市售產品，大多數以咖啡粉為主，甚至超商裡還有販售掛耳濾泡式咖啡。咖啡粉的優點，在於操作簡單、使用方便，但卻有致命性的缺點。咖啡豆磨成粉後，與空氣接觸的表面積變大，氧化速度快，短時間內香氣消失、油質劣化。市售的咖啡粉早就過了最佳品嘗時機。所以，建議購買剛烘焙的咖啡豆，想喝咖啡時再現磨咖啡豆。如果是請店家幫忙磨好，必須在短時間內用完。最佳的方式是，一次研磨半磅，約2個星期使用完畢。

Q. 買來的咖啡粉放了好幾個月味道有點變了？咖啡有保存的方法嗎？

A. 咖啡豆一旦烘焙過，會自然氧化，大大縮短賞味期限，咖啡粉變質的速度也快於咖啡豆。尚未打開包裝的咖啡豆和咖啡粉，最佳的存放方法是放在乾燥、陰涼、無陽光的地方。如果放在冰箱冷藏，咖啡豆表面和豆中的孔洞，會因結凍的水氣導致豆子停止自然的化學反應。如改以冷凍，大量的水氣會更加速咖啡豆的敗壞。已使用過的咖啡豆和咖啡粉，建議放入可密封、不透明或不透光的容器中，同樣放在乾燥、不會照射到光的地方。

Q. 請店家幫忙研磨咖啡豆時，為什麼店家會詢問使用何種器具？

A. 咖啡豆以咖啡粉的形式沖煮，粉的表面積較豆子增加千倍以上，以便在短時間內萃取出咖啡的精華。店家在幫忙研磨咖啡時，需考慮到粗細程度，這取決於咖啡的沖煮器。由於每個人慣用的煮器不同，所以必須詢問過後才能研磨出最佳的粗細度。參照下圖，一般的研磨大致可分成「粗度」、「中粗度」、「中度」、「細度」和「極細度」五種程度。「粗度」適合以法式濾壓壺、那不勒斯壺充煮；「中粗度」適合濾杯式煮器、法蘭絨；「中度」適合濾杯式煮器、塞風壺、美式咖啡機；「細度」適合塞風壺、摩卡壺；「極細度」則適合摩卡壺、義式咖啡機。

粗研磨

中粗研磨

中度研磨

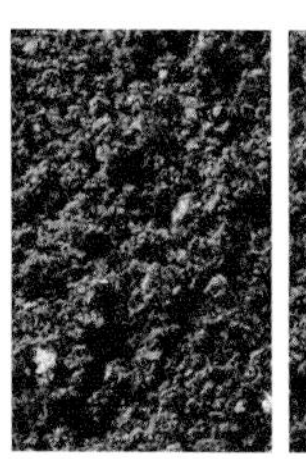
細研磨

極細研磨

Q. 為什麼烘焙後的咖啡豆會冒油？是不新鮮了嗎？

A. 咖啡豆本身就含有油脂，所以，在烘焙過程中釋放出的二氧化碳使得咖啡表面出油，稱作風味油脂。不過，淺烘焙豆若在烘焙後2星期開始出油，代表咖啡豆已經走味；而外觀呈深色，深烘焙的咖啡豆會出大量的油是正常的，反而2、3星期後外表呈乾燥不冒油，有可能發生走味狀況。

Q. 住宿舍沒有任何咖啡煮器，偶爾想自己煮一杯咖啡，有什麼簡單的方法嗎？

A. 建議可使用濾杯式煮器，只要購買濾紙、濾杯，加上不耗電，相當節省經費。濾杯式煮器的操作方法，可參照p.14。不過，濾杯式煮器有分成「單一小孔」、「單一大孔」和「三孔」這3種，使用特性可參照下表。另外，濾杯內側的條紋溝槽痕跡越淺的話，咖啡較不易滴落至底下的杯中。

濾杯式煮器特性表

類型	過濾速度	熱水浸泡到粉	咖啡滴下速度
單一小孔	過濾速度最慢 萃取時間長	容易	慢
單一大孔	過濾速度最快 萃取時間短	難	快
三孔	較單一小孔型快	普通	比單一小孔型快

Q. 我習慣每天早中晚各一杯咖啡，是否攝取過多的咖啡因？咖啡和紅茶的咖啡因含量何者較多呢？

A. 相同量的咖啡依個人沖煮咖啡的器具、喜好，咖啡因量不一定相同。但若以市售咖啡包裝上的建議沖煮法製作，120c.c.的咖啡，含有60～100mg的咖啡因，差不多和30c.c.的義式濃縮咖啡相同。120 c.c.的紅茶，則含有30mg左右的咖啡因，所以咖啡含的咖啡因量較多。那人到底喝多少咖啡才算超量？依每人的體質、健康狀況和體重，可承受的量也有差異。

Q. 單品豆和綜合（混合）豆沖煮出來的咖啡哪一種好喝？

A. 咖啡豆依產地、品種、烘焙程度而各有不同的風味。單品豆是指僅用一種咖啡豆，多以塞風壺、摩卡壺或法式濾沖壺沖煮，較能發揮豆子本身的特性，喝到有層次感的味道。而混合豆是混合了2種以上的咖啡豆沖煮，依店家有不同的比例配方，通常像義式濃縮咖啡就是以綜合豆沖煮。綜合豆可依喜好，以不同比例調配出豐富口感的咖啡。想自己調配比例嗎？參照下表試試！以綜合熱咖啡來看：以一包450g.的咖啡豆為例，調配綜合熱咖啡時，比例若為巴西2：哥倫比亞2：摩卡1.5：爪哇3.5：曼特寧1＝巴西90g.、哥倫比亞90g.、摩卡67.5g.、爪哇157.5g.、曼特寧45g.

調配咖啡豆建議比例表

名稱	咖啡豆比例和特性
中間色調	巴西：曼特寧：摩卡＝5：3：2
藍山調	曼特寧：巴西：瓜地馬拉＝5：3：2
溫和調	摩卡：曼特寧＝7：3（摩卡、爪哇的典型）
野性調	摩卡：曼特寧＝3：7
綜合熱咖啡	巴西：哥倫比亞：摩卡：爪哇：曼特寧＝2：2：1.5：3.5：1
義式咖啡	巴西：摩卡：曼特寧：哥倫比亞＝6：2：1：1
碳燒咖啡	哥倫比亞淺：哥倫比亞深：巴西：曼特寧淺：曼特寧深：爪哇淺：爪哇深＝1：1：2：1：0.5：3：1.5

你知道為什麼咖啡讓人著迷，就因為它變化萬千、可塑性高；運用不同的機器和設備沖沖泡泡，完全不同的咖啡風味就出來了。

目前最常使用到的煮咖啡器具，有美式咖啡機、摩卡壺、濾杯式煮器、那不勒斯壺、義大利咖啡機、虹吸式煮器等。你可依喜好、用途，選擇適合的煮器。

■美式咖啡機
Coffee Maker

TIPS

1. 使用的咖啡粉不可過細。
2. 煮好的咖啡味道較淡、香味淡，適合偶爾想嘗一杯咖啡的人。

材料和工具 *Ingredients & Tools*

咖啡豆（中度研磨）15～20g.
水量180c.c.（完成量約160c.c.）
濾杯、濾紙、濾壺、湯匙

做法 *Instructions*

1. 將濾紙往內折，放入濾杯並貼合邊緣。
2. 倒入約200c.c.的水，按下開關先空煮一下。
3. 濾杯扣上濾壺，先不放咖啡粉，待水煮完將水倒出。將咖啡粉放入濾杯，輕敲表面使咖啡粉平整。
4. 在咖啡粉中間弄一個凹洞。
5. 濾杯扣上濾壺，安裝到咖啡機上。水倒入水箱，打開開關，待水煮完，壺裡的咖啡已達到所需量時，抽出咖啡壺。尚未流完的咖啡不要使用，以免萃取過度，將不好的味道帶下去。

1

2

3

4

5

摩卡壺
Coffee Pot

材料和工具 *Ingredients & Tools*

咖啡豆（細度～極細度研磨）15～20g.
水量視個人想要的濃度調整，但以不超過洩壓閥為原則
摩卡壺上壺、摩卡壺下壺、濾器、酒精燈或瓦斯爐

做法 *Instructions*

1. 水倒入下壺，水量不可超過洩壓閥。
2. 咖啡粉放入濾器，將表面弄平，但不需填壓。
3. 濾器放入下壺。
4. 上壺和下壺拴緊，放在瓦斯爐上加熱，火只要均勻受熱，不要超過摩卡壺身。
5. 待水溫夠熱，咖啡會從金屬管流到上層。
6. 聽到蒸氣發出嘶嘶聲即可熄火，倒出咖啡即可。

TIPS

1. 使用完的摩卡壺需等壺身冷卻，再拆開來清洗，以免洩壓閥彈性疲乏。
2. 摩卡壺的壓力，不如義式咖啡機強，萃取出的咖啡油脂（克力瑪）和口感均比不上濃縮咖啡，但以同水量、咖啡量煮出的咖啡液，稱得上是濃郁。

1 2 3 4 5 6

■濾杯式煮器
Drip Brew

材料和工具 *Ingredients & Tools*

咖啡豆（中度～中粗度研磨）15～20g.
水量180c.c.（90℃熱水，完成量約150c.c.）
濾杯、濾紙、杯子、手沖壺

做法 *Instructions*

1. 折好濾紙的底部線和邊線，使能更貼近濾杯，折好放入濾杯中，倒入咖啡粉，將粉弄平，底下放一個杯子。
2. 熱水由中心點，緩緩以順時鐘方向往外繞圈注水，至濾杯滴下咖啡時先停止，靜置約30秒鐘。接著再次注水，同樣以順時鐘方向往外繞圈注水。
3. 待滴下的咖啡達到所需的量，迅速移開濾杯即可。

TIPS

1. 注入熱水的壺，最好是細長尖口的壺，以可使熱水垂直滴入咖啡粉者為佳。
2. 底下盛裝咖啡液的杯子，需先以熱水溫杯。
3. 咖啡粉不可以磨得過細，否則濾出來的咖啡液會很苦。

1

2

3

那不勒斯轉壺
Neapolitan Flip Drip

材料和工具 *Ingredients & Tools*

咖啡豆（中度～中粗度研磨）15～20g.
水量180c.c.（完成量約150c.c.）
上壺、盛粉器、盛粉器蓋子、下壺、手把、酒精燈或瓦斯爐

做法 *Instructions*

1. 水倒入沒有壺嘴的下壺，水不要超過壺緣的透氣孔，開始加熱。
2. 咖啡粉放入盛粉器中，將粉弄平，蓋上盛粉器蓋子後旋緊。
3. 待下壺的水煮滾，移至一旁使其稍冷卻。將旋緊密的盛粉器放入上壺中，謹慎地將上壺和下壺旋緊密，將組合好的壺上下反轉，讓原來下壺的滾水慢慢流至咖啡粉，待咖啡滴濾3～4分鐘，再打開倒出即可。

TIPS

1. 做法3.中將組合好的那不勒斯轉壺上下反轉，裝滾水的下壺變成上壺位置，使滾水從上往下流。
2. 操作過程中，小心滾水燙手，記得上下壺要旋緊密。

1 2 3

義式咖啡機
Espresso Machine

材料和工具 *Ingredients & Tools*

咖啡豆（極細度研磨）20g.
完成量約60c.c.（約2杯）
填壓器、濾器、濾器手把

做法 *Instructions*

1. 濾器把手拿掉濾器鎖上，開啟開關，放掉之前多餘過熱的水，理想水溫為 90 ～ 94℃。
2. 咖啡粉放入濾器中。
3. 將咖啡粉表面弄平。
4. 以填壓器填壓咖啡粉，但不可太過用力壓粉。
5. 以填壓器輕敲濾器的邊緣，弄掉邊緣多餘的咖啡粉。
6. 第二次填壓，力道較第一次填壓強，左右轉動填壓器，使咖啡粉表面平整。
7. 輕輕將濾器放入濾器把手內。
8. 將濾器把手鎖上沖煮頭，在濾器下方放杯子接取咖啡液。
9. 按下開關，流出的咖啡量達到所需的量即可移開杯子，也可直接關掉開關。

TIPS

1. 需使用磨得極細的咖啡粉，剛開始若流速太快，可調細一點；若流速太慢，則磨粗一些，多加測試以找出合適的粗細度。
2. 以填壓器對咖啡粉進行填壓，可將咖啡粉中多餘的空氣擠出。
3. 義式咖啡機依不同用途而有較大的價差，從3000多元家庭用到數萬元以上營業用的都有。

虹吸式塞風煮器 *Syphon*（雙沖咖啡）

材料和工具 *Ingredients & Tools*

咖啡豆（中度～細度研磨）20～35g.
水量170c.c.（完成量約120～130c.c.）
塞風上壺、塞風下壺、酒精燈、竹棒

做法 *Instructions*

1. 水裝入下壺中，點燃酒精燈。
2. 當水冒出小水珠，插入已裝入咖啡粉的上壺。
3. 下壺中的水滾後會往上升，水一上升就開始計時，大約30秒鐘時，以撥動法將咖啡粉撥到中央（撥動法可參照以下的TIPS 3）。
4. 將咖啡粉撥濕。
5. 待底座的水沖上，即可關掉酒精燈。
6. 用抹布擦拭底座，以熱漲冷縮的方式，讓咖啡急速下降。
7. 待全部咖啡降入下壺，再次點燃酒精燈，將上層的咖啡粉中央輕輕挖一個洞，等水上升約30秒鐘再撥動15～25秒鐘，以熱漲冷縮的方式，讓咖啡急速下降。

TIPS

1. 雙沖法的咖啡水少、粉多，味道較濃醇，適合製作花式咖啡和義大利咖啡。可用來做雙沖的咖啡豆，如曼特寧、爪哇、碳燒、義大利綜合豆等。

2. 虹吸式塞風煮器中，下瓶口大、軟橡皮、上瓶易插、易拔、加速較慢的，比較適合初學者使用。

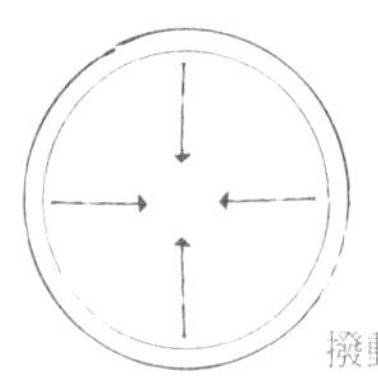

撥動法

3. 撥動法是將咖啡粉以前後左右的方式，從四周往中間撥，幅度要大，動作要輕，咖啡粉才會煮得均勻，煮好的咖啡不會太酸澀。

1
2
3
4
5
6
7

虹吸式塞風煮器 *Syphon*
（單沖咖啡）

材料和工具 *Ingredients & Tools*

咖啡豆（中度～細度研磨）10～20g.
水量190c.c.（完成量約120～130c.c.）
塞風上壺、塞風下壺、酒精燈、竹棒

做法 *Instructions*

1. 水裝入下壺中，點燃酒精燈。當水冒出小水珠時，插入裝入咖啡粉的上壺。
2. 下壺中的水滾後會往上升，一上升就開始計時，大約 20 秒鐘時，以撥動法將咖啡粉撥濕（撥動法可參照 p.18 的 TIPS3）。
3. 大約40秒鐘時再撥一次，60秒鐘時關掉酒精燈。
4. 這時下壺還有未上升的水，倒出剩餘的水。
5. 用抹布擦拭底座，以熱漲冷縮的方式，讓咖啡急速下降即可。

TIPS

1. 全部操作的時間需控制在50～60秒鐘之內，不要超過時間。
2. 單沖法的咖啡水多、粉少，味道較淡，適合製作單品咖啡，如藍山、巴西、哥倫比亞豆。
3. 單沖法因底座的水沒有煮到咖啡，要倒掉才能讓煮好的咖啡不會太淡。

1

2

3

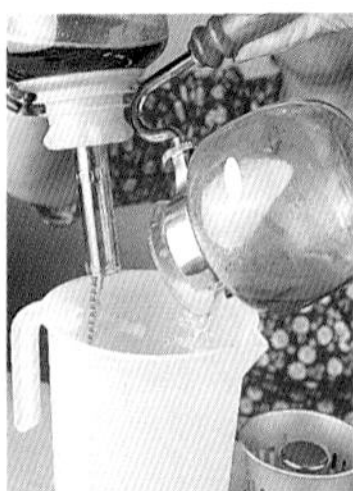
4

5

製作鮮奶油

How To Make Whipped Cream

打發的鮮奶油，在製作甜點、蛋糕時，通常用在裝飾。將打發的鮮奶油倒入裝好擠花嘴的擠花袋中，可擠出小花、線條狀等，這裡也用在咖啡上的裝飾，或者搭配咖啡飲用。

材料 *Ingredients*

鮮奶油適量

做法 *Instructions*

1. 取出保存在冰箱中的鮮奶油，將需要的量倒入鋼盆中，以攪拌器打發至鮮奶油呈光滑雪白。
2. 繼續打至鮮奶油的紋路更明顯，以攪拌器倒勾起來，鮮奶油呈三角尖挺狀，不會滴落的狀態，此時仍呈現光滑雪白狀，放入擠花袋即可使用。

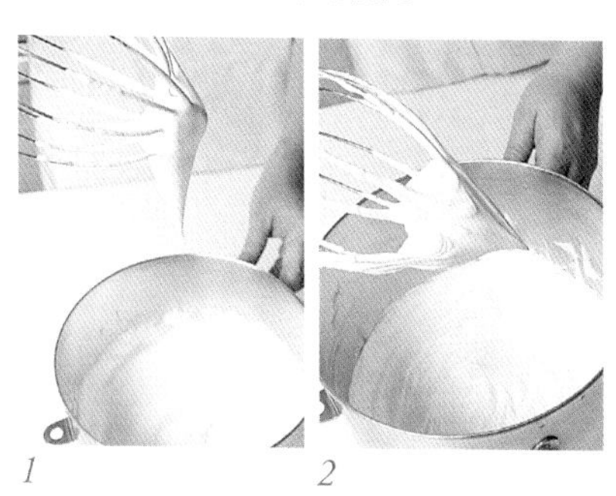

1 *2*

TIPS

打鮮奶油的鋼盆要擦乾，不可以有水份。

奶泡壺製作奶泡
How To Make Steam Milk

想在家裡製作奶泡，可以準備一個奶泡壺，不僅價格實惠，操作方式也較蒸氣奶泡簡單許多。建議初學者從這裡開始操作！

材料 *Ingredients*

全脂鮮奶200c.c.

做法 *Instructions*

1. 鮮奶倒入奶泡壺中，但不可超過壺身的一半。
2. 加熱至60～65℃，溫度不可過高。
3. 將蓋子和濾網蓋上，上下抽動將空氣打入鮮奶中，約打30次。因為只是要將空氣打入，所以只需要在鮮奶的表面移動，抽動時不需整個壓到底。
4. 打開蓋子和濾網，倒出奶泡，靜置約1分鐘即可使用。

TIPS

1. 鮮奶不可倒入太多，否則操作過程中會溢出來。
2. 打好的奶泡可刮掉上層較粗的，取下層的細緻奶泡使用。

1 2 3 4

蒸氣製作奶泡

How To Make Microfoam

這是以義式咖啡機的蒸氣管（蒸奶棒）來製作奶泡，完成的奶泡更加細緻，可使用在拉花上。由於機器價格較高，多為營業使用。

材料 *Ingredients*

全脂鮮奶適量

做法 *Instructions*

1. 5℃的冰鮮奶倒入鋼杯中，但不可超過壺身的一半，放入溫度計。
2. 將蒸氣管打開2～3秒鐘，使管子內的水氣排出。
3. 將蒸氣管斜插入鮮奶中，讓蒸氣孔完整浸入鮮奶中，打開蒸氣開關。將鋼杯往下移，但別讓蒸氣孔露出在鮮奶表面，否則牛奶會飛濺出來。這個階段是要打出大量的奶泡，但結構較粗糙，當位置正確時會發出「吱吱吱」的聲音（需在30℃以下完成）。
4. 鋼杯稍往上移，讓牛奶呈同一方向的漩渦狀，這時將剛才的粗奶泡打成細緻綿密奶泡，此時會發出「嘶嘶嘶」的聲音，當溫度慢慢升至55～60℃時，關掉蒸氣開關。
5. 移出蒸氣管，以濕布擦乾淨，然後打開蒸氣開關2～3秒，使排出殘留的鮮奶。刮除表面較粗的奶泡，取下層的細緻奶泡使用。

TIPS

操作過程中別讓蒸氣孔露出表面，奶泡會飛濺出來。使用全脂鮮奶較容易打好奶泡，且口味更香濃。

1　2　3　4　5

起源於歐洲，將牛奶倒入咖啡中，形成各種創意式的圖案，稱作拉花（Latte Art/Coffee Art）。之後演變成只要在咖啡的表面，製作出圖案或線條的，都算是拉花藝術。早年想喝到一杯有拉花圖案的咖啡，非得到專業咖啡店不可。不過隨著義式咖啡的流行，咖啡機器的普及，個人在家也可以製作義式濃縮咖啡和奶泡，自然也能嘗試拉花技術。

最常見的拉花，是將奶泡迅速沖入濃縮咖啡中，再利用手部晃動，使奶泡和咖啡自然融合圖案，浮在咖啡表面上，這種方法稱作「**直接倒入成形法**」。這種方法的延伸，是在形成的圖案上，以巧克力醬、奶泡或彩色糖漿等再加工，描畫些圖案，就是「**手繪圖形法（畫花）**」。剛開始練習拉花或畫花的人，在操作練習之前，可先從以下的「拉花Q&A」，大致瞭解一下再操作。拉花非三兩天就能學會，秘訣就是「**多加練習**」。

愛心圖案的拉花，是初學者最容易成功的圖案，做法可參照p.26。

加入巧克力醬做畫花，讓咖啡成為視覺上的饗宴。

Q. 哪種咖啡可以拉花？

A. 咖啡液的濃度，是拉花成功與否的關鍵之一，一般都是用義式濃縮咖啡（Espresso）來拉花。如果使用的非濃縮咖啡，而咖啡液偏淡時，可撒上一些可可粉或巧克力粉來增加濃度，就可以嘗試拉花了。成功的義式濃縮咖啡上面會有一層咖啡油質，有人稱為克力瑪（Crema），如果沒有這層油質，就無法描繪出顏色分明的圖案。

Q. 拉花要準備些什麼？需要注意哪些地方？

A. 在材料上，需準備義式濃縮咖啡、奶泡，或巧克力醬、各式糖漿、可可粉等。義式濃縮咖啡、奶泡的製作方式，可參照p.16～17和p.21～23；在工具方面，需準備杯子、尖口奶泡壺或牙籤等。

Q. 拉花和畫花有什麼差別？

A. 拉花是使用發泡後的牛奶，在傾倒牛奶注入咖啡液時，運用手部晃動和推拉的技巧，使奶泡在咖啡表面形成各式各樣的圖形，成品顏色較單純。畫花是拉花的延伸，是在已經完成牛奶和奶泡注入的咖啡液表面上，利用傾倒時產生的白色奶泡圖形，使用牙籤或其他針尖工具，在咖啡表面勾勒出各種圖案，亦可加巧克力醬、色彩糖漿等，形成不同顏色的圖形。

Q. 杯子對拉花的效果有影響嗎？

A. 兩者是有關係的。對剛開始學習拉花的人來說，寬口矮杯較適合。矮杯杯身較短淺，短時間內奶泡就會到達杯面，拉花的速度要加快，對新手而言，太複雜的圖形根本來不及做，所以簡單的圖案較不容易失敗。而且，寬杯口較能呈現出圖案。還有，圓形杯底會比四方形杯底咖啡和奶泡融合較均勻。

這兩個都是圓形杯底的寬口矮杯，適合初學者練習用。

HEAR

愛心圖案
Heart

材料 *Ingredients*
義式濃縮咖啡30c.c.
奶泡約270c.c.

做法 *Instructions*
1. 先將咖啡倒入杯中，接著由鋼杯距離咖啡杯約 5 公分的位置，慢慢以穩定的流量，將牛奶和奶泡倒入杯中。
2. 繼續倒入至杯子的七、八分滿。
3. 將鋼杯移至杯子中央，然後放低鋼杯位置至接近杯口處，使產生圓形圖案。
4. 持續注入奶泡到約九分滿時，將鋼杯停留在圖案中心不動，使中間形成圓形圖案。
5. 鋼杯向前移動，使圓形圖案勾出缺口，然後迅速收掉牛奶泡，畫出愛心圖案的尾巴。

TIPS
重點在於做法 5. 中，最後要將圓形圖案勾勒出一個缺口，才能形成愛心圖案。奶泡的製作參考 p.22 ～ 23。

LEAF+HEART

Latte Art

葉子＋愛心圖案
Leaf+Heart

材料 *Ingredients*

義式濃縮咖啡30c.c.
奶泡約270c.c.

做法 *Instructions*

1. 先將咖啡倒入杯中，接著由鋼杯距離咖啡杯約 5 公分的位置，慢慢以穩定的流量，將牛奶和奶泡倒入杯中。
2. 繼續倒入至杯子的七、八分滿。移動鋼杯至杯子中心偏前方，放低鋼杯位置至接近杯口處。
3. 左右晃動鋼杯，使產生弧形線條。
4. 當弧形圖案線條呈水波紋方式向外推動時，鋼杯開始邊晃動邊向後移動。
5. 鋼杯退後至靠近後方杯緣處，停止晃動，並停留在原處繼續倒入奶泡，形成圓形圖案。
6. 鋼杯向前移動使整個圖案線條受到拉動，迅速收掉牛奶，勾勒出葉子加愛心的中心線條。

TIPS

葉子部分的線條越多，完成的圖案越精緻。初學者可從 3 條線的葉子開始練習，熟練後再增加。

LEA

Latte Art

葉子圖案
Leaf

材料 *Ingredients*

義式濃縮咖啡30c.c.
奶泡約270c.c.

做法 *Instructions*

1. 先將咖啡倒入杯中，接著由鋼杯距離咖啡杯約 5 公分的位置，慢慢以穩定的流量，將牛奶和奶泡倒入杯中。
2. 繼續倒入至杯子的七、八分滿。
3. 將鋼杯移至杯子中心點前方處，然後放低鋼杯位置至接近杯口。
4. 在原處開始左右晃動，使產生弧形圖案線條，當弧形圖案線條呈水波紋方式向外推動時，鋼杯開始邊晃動邊向後移動。
5. 鋼杯繼續向後移動至杯緣處。
6. 稍微提高鋼杯並向前移動，使圖案的線條受到拉動，然後迅速收掉牛奶泡，勾畫出葉子中心線條。

TIPS

葉子部分的線條越多，完成的圖案越精緻。初學者可從 3 條線的葉子開始練習，熟練後再增加。

FEATHER

羽毛圖案
Feather

材料 Ingredients

義式濃縮咖啡30c.c.
奶泡約270c.c.

做法 Instructions

1. 先將咖啡倒入杯中，接著由鋼杯距離咖啡杯約 5 公分的位置，慢慢以穩定的流量，將牛奶和奶泡倒入杯中。
2. 繼續倒入至杯子的七、八分滿。
3. 將鋼杯移至杯子前方杯緣處並往旁邊靠，然後放低鋼杯位置至接近杯口處，開始左右晃動。
4. 左右晃動奶泡，使奶泡形成弧形線條，持續輕微晃動並呈弧形向後移動。
5. 在鋼杯晃動後退移動接近杯緣時，準備收尾。
6. 將鋼杯順著圖形邊緣迅速往前拉，並提高鋼杯將線條收掉。

TIPS

打好的奶泡靜置約 1 分鐘後再使用，上層較粗的奶泡可刮除不用。

1

2

3

4

5

6

TULIP

Latte Art

鬱金香圖案
Tulip

材料 *Ingredients*
義式濃縮咖啡30c.c.
奶泡約270c.c.

做法 *Instructions*
1. 先將咖啡倒入杯中，接著由鋼杯距離咖啡杯約 5 公分的位置，慢慢以穩定的流量，將牛奶和奶泡倒入杯中。
2. 繼續倒入至杯子的七、八分滿。然後移動鋼杯至杯子中心偏前方，放低鋼杯位置至接近杯口處。
3. 在原處開始左右晃動，使形成圓形圖案線條後鋼杯向前收缺口。
4. 在做法 3. 完成的圖形稍後方處，放低鋼杯，原處停留不動至形成稍小的圖形。
5. 向前推移，並將做法 4. 的圓形收好缺口，使成為愛心。
6. 按照做法 4. 的方式，在第二個愛心後方再形成一更小的圓形。
7. 做法 6. 的圓形收口後，鋼杯迅速向前穿過之前完成的 3 個圖形，並做收尾。

TIPS
重點在於要控制這 3 個圖形的大小，需一個比一個小，完成的圖形才會漂亮。

BUTTERFLY

Latte Art

蝴蝶圖案
Butterfly

材料 *Ingredients*

義式濃縮咖啡30c.c.
奶泡約270c.c.

做法 *Instructions*

1. 先將咖啡倒入杯中，接著由鋼杯距離咖啡杯約 5 公分的位置，慢慢以穩定的流量，將牛奶和奶泡倒入至杯子的七、八分滿。
2. 移動鋼杯至杯子中心，然後放低鋼杯位置至接近杯口處，維持鋼杯在原處不動，持續倒入奶泡至滿杯，使奶泡在杯子中央形成一個圓形圖案。
3. 使用牙籤或針狀物沾取奶泡，在圓形上方先畫蝴蝶右邊的觸角。
4. 畫出蝴蝶左邊的觸角。
5. 使用牙籤，由白色圓形兩側咖啡色區域，開始往中心勾畫出蝴蝶翅膀的雛形。
6. 使用牙籤，再從圓形圖案下方勾畫出蝴蝶尾段的身體輪廓，先畫右側。
7. 繼續畫左側。
8. 從蝴蝶的四片翅膀白色區域向咖啡色區域勾畫，加以美化翅膀的外型。

TIPS

這是拉花加畫花的練習，在形成的圓形上，利用牙籤和奶泡，畫出蝴蝶的外觀，僅用了奶泡和咖啡而已。

WHIRLPOOL

漩渦圖型
Whirlpool

材料 *Ingredients*

義式濃縮咖啡30c.c.
奶泡約270c.c.

做法 *Instructions*

1. 先將咖啡倒入杯中，接著由鋼杯距離咖啡杯約 5 公分的位置，慢慢以穩定的流量，將牛奶和奶泡倒入杯中。
2. 繼續倒入至杯子的九分滿。
3. 用湯匙挖取奶泡，在咖啡表面畫出十字的線條。
4. 在四個咖啡色區域中心，使用湯匙分別鋪上一個點的奶泡。
5. 使用牙籤或尖狀物，從外側杯緣，以螺旋狀行進方式向杯子中心畫圓，先畫最外層。
6. 繼續往中心畫第二、三層。
7. 繼續往中心畫，拉動奶泡線條，使呈現出漩渦般的圖形。

TIPS

看起來很複雜的圖形，其實只是以不停畫圈的方式就能完成，這也是畫花的作品。

CHOCOLATE
HEART

Latte Art

巧克力愛心圖案
Chocolate Heart

材料 *Ingredients*

義式濃縮咖啡30c.c.、奶泡約270c.c.
巧克力醬少許

做法 *Instructions*

1. 先將咖啡倒入杯中，接著由鋼杯距離咖啡杯約 5 公分的位置，慢慢以穩定的流量，將牛奶和奶泡倒入杯中。
2. 繼續倒入至杯子的七、八分滿。
3. 將鋼杯移至杯子中央，然後放低鋼杯位置至接近杯口處，在原處開始左右晃動，使產生圓形圖案線條。持續晃動注入奶泡到約九分滿時，將鋼杯停留在圖案中心不動，使中間形成一個圓形圖案。
4. 鋼杯向前移動，迅速將奶泡收尾，畫出愛心圖案的中心線條。
5. 杯子中間會呈現一個愛心圖案。
6. 利用巧克力醬，在剛形成的愛心圖案旁邊，畫出蜿蜒如 S 般的線條，先開始畫第一筆。
7. 繼續完成蜿蜒如 S 般的線條。
8. 利用牙籤或尖狀物，從 S 般線條中心畫過，拉動巧克力醬線條，使形成愛心圖案。

TIPS

這個作品是利用巧克力醬做畫花的圖案，讓咖啡作品呈現更多元化。

Part 1
Classic Coffee

義式濃縮咖啡 *Espresso*
咖啡拿鐵 *Caffè Latte*
卡布奇諾咖啡 *Cappuccino*
康寶蘭 *Con Panna*
瑪奇朵 *Espresso Macchiato*
皇家咖啡 *Café Royal*
愛爾蘭咖啡 *Café Irish*
摩卡咖啡 *Caffé Mocha*
熱美式咖啡 *Americano*
約克咖啡 *Yolk Coffee*
維也納咖啡 *Vienna Coffee*
俄式咖啡 *Russian Coffee*
亞歷山大咖啡 *Café Alexander*
愛爾蘭香料咖啡 *Irish Spice Coffee*
瑞士摩卡可可咖啡 *Swiss Mocha Coco Coffee*
鴛鴦 *Coffee mixed Milk Tea*

一定要學會的經典咖啡

每一道經典咖啡，都有它的身世和故事，
當你品嘗這些咖啡時，是否也陷入一段段
回憶中？

coffee

義式濃縮咖啡

Espresso

義式濃縮咖啡
難度 ●●○

材料 *Ingredients*

咖啡（極細研磨度）20g.
成品約60c.c.（約2杯）

做法 *Instructions*

1. 參照p.16～17義式咖啡機的使用方法製作，可做出約60c.c.的咖啡。
2. 義式濃縮咖啡是利用蒸氣壓力，瞬間將咖啡的成分沖泡出來。即使機器依廠牌操作不見得都相同，但大同小異，都是利用相同的原理。

咖啡小語 *Coffee Story*

1. 「Espresso」的字源，有「急速」、「特別只為了你」，以及從「萃取」這一動詞的過去分詞型而來的意思。究竟最初是誰以這個字命名，已難考究了。不過，從當時濃縮咖啡機廠商以蒸氣火車的插圖做宣傳活動來看，似乎和「急速」相關。此外，在義大利的鐵路用語中，「Espresso」正有「急速」的含意。
2. 一杯香濃的義式濃縮咖啡除了純飲，更能以此做為基底咖啡，創作出康寶蘭（Espresso Con Panna）、焦糖瑪奇朵（Caramel Macchiato）和摩卡咖啡（Caffé Mocha）等。

TIPS

1. 溫度的變化，會直接影響義式濃縮咖啡的味道，因此杯子的選擇很重要。保溫效果較佳的厚重質材杯，且杯底較杯口窄的杯子為佳。

2. 溫杯動作相當重要，在倒入咖啡前，先倒入熱水溫杯，使杯子保有溫度，才不會影響到義式濃縮咖啡的品質。

ESPRESSO

咖啡拿鐵

Caffè Latte

義式濃縮咖啡

難度 ●○○

材料 *Ingredients*

義式濃縮咖啡30c.c.

鮮奶240c.c.

做法 *Instructions*

1. 將鮮奶加熱至 60 ～ 70℃，倒 80c.c. 入杯中。
2. 剩餘的鮮奶打成奶泡（奶泡製見照 p.22 ～ 23），以酒吧長匙挖約 100c.c. 奶泡入杯中。
3. 加入煮好的熱咖啡即成。

咖啡小語 *Coffee Story*

咖啡有著令人難以抵抗的魔力，能輕易地融入不同國家的文化中。Latte是義大利文中「牛奶」的意思，「咖啡加牛奶Caffé Latte」成了「咖啡牛奶coffe latte」，這和西班牙人的Café Con Leche，以及Café Au Lait，都是相同的意思。Caffé Latte，最初是從位於義大利威尼斯聖馬克廣場（Plaza San Marco）的咖啡店Caffè Florian流傳出來的，這家店也是當地現存最古老的咖啡店。

TIPS

1. 鮮奶的份量可多準備些，如此奶泡較好打。鮮奶以全脂鮮奶較易打好奶泡。
2. 將咖啡端起來走動時，杯中的咖啡就如同舞蹈般美麗，加進糖後會跳動得更美喔！

CAFFÈ
LATTE

Coffee

卡布奇諾咖啡

Cappuccino

義式濃縮咖啡

難度 ●○○○

材料 *Ingredients*

義式濃縮咖啡30c.c.

鮮奶150c.c.

肉桂粉少許

做法 *Instructions*

1. 咖啡煮好倒入杯中。
2. 鮮奶倒入奶泡壺中，加熱至60～70℃後打成奶泡（奶泡製作參照 p.22～23 ）。
3. 輕搖鋼杯，將牛奶、奶泡倒入杯內，撒上些許肉桂粉即成。

咖啡小語 *Coffee Story*

卡布奇諾一字，最先是從天主教中的一派——聖芳濟教會的傳教士而來。他們身穿褐色的道袍，頭戴白色尖尖的帽子（cappuccino），相當吸引人的注意。當時義大利人發現道袍很像咖啡加入了牛奶的顏色，浮在咖啡上的白奶泡很像帽子，因此稱這種咖啡為卡布奇諾（cappuccino）。另外，也有人說白色奶泡圍繞著咖啡的樣子，很像只剃掉頭頂頭髮的傳教士的髮型。

TIPS

也可嘗試以可可粉、巧克力粉或檸檬皮絲取代傳統肉桂粉，但只需選擇一項，避免過多味道破壞口感。

CAPPUCCINO

coffee

康寶蘭
Con Panna

義式濃縮咖啡
難度 ●

材料 *Ingredients*
義式濃縮咖啡30c.c.、打發的鮮奶油適量

做法 *Instructions*
1. 咖啡煮好倒入杯中。
2. 加入打發的鮮奶油即成。

咖啡小語 *Coffee Story*
康寶蘭Con Panna，其中Con指攪拌，Panna則是指鮮奶油。因此，目前市面上販售的康寶蘭，是在熱的濃縮咖啡上，加上一球冰的鮮奶油，攪拌後再飲用，讓冰與熱、苦與甜之間，品嘗一股驚艷的感覺。

TIPS
打發鮮奶油的技巧，可參照p.21的做法。

瑪奇朵
Espresso Macchiato

義式濃縮咖啡

難度 ●○○

材料 *Ingredients*
義式濃縮咖啡30c.c.、奶泡適量

做法 *Instructions*
1. 鮮奶倒入奶泡壺中，加熱至 60 ～ 70℃後打成奶泡（奶泡製作參照 p.22 ～ 23）。
2. 咖啡煮好倒入杯中。
3. 將奶泡鋪在咖啡上即成。

咖啡小語 *Coffee Story*
瑪奇朵macchiato在義大利文中，有「弄髒、沾染上斑點」的意思。把打好的奶泡倒入義式濃縮咖啡中，奶泡上會出現與咖啡融合後的斑點，所以有此名稱。

TIPS

咖啡倒入杯子之前，可先以熱水溫杯，才能保持濃縮咖啡的味道。

皇家咖啡

Café Royal

綜合或藍山咖啡

難度 ●●

材料 *Ingredients*

綜合咖啡或藍山咖啡120c.c.
打發的鮮奶油適量
方糖1顆
白蘭地1/4oz.

工具 *Tools*

皇家勾匙
打火機

做法 *Instructions*

1. 咖啡煮好倒入杯中。
2. 擠上一層鮮奶油，放上皇家勾匙。
3. 在皇家勾匙上放1顆方糖。
4. 輕輕倒入白蘭地酒於方糖上，點火。
5. 將方糖倒入杯中，待火熄滅後即可飲用。

TIPS

1. 製作皇家咖啡必須準備皇家勾匙、打火機，點火時要小心，先參照左邊做法的順序操作。
2. 這是融合了白蘭地香味和藍色火焰的特別品嘗咖啡法，體驗多層次的味覺饗宴。

咖啡小語 *Coffee Story*

據說這是拿破崙最愛的花式咖啡。不過，原本加入咖啡中的鮮奶，在拿破崙的喜好下，換成了烈酒白蘭地。而點燃白蘭地酒時的火焰，彷彿拿破崙席捲歐洲大陸時內心的豪情壯志。

CAFÉ ROYAL

愛爾蘭咖啡

Café Irish

綜合或藍山咖啡

難度 ●●○

材料 *Ingredients*

綜合咖啡或藍山咖啡120c.c.
打發的鮮奶油適量
愛爾蘭威士忌1/2～1oz.
方糖1顆

工具 *Tools*

皇家勾匙、打火機
愛爾蘭咖啡杯
愛爾蘭咖啡架
酒精燈

做法 *Instructions*

1. 咖啡煮好倒入杯中，擠上一層鮮奶油。
2. 先將愛爾蘭咖啡酒杯洗過擦乾，放在咖啡架上，點燃酒精燈烘乾水氣。
3. 將愛爾蘭威士忌倒入酒杯中，略微搖動杯子，讓酒液沾滿杯中。
4. 在酒杯中放入1顆方糖，再將酒杯放在咖啡架上，將酒溫熱。
5. 於酒杯中點火，待火點著後，再將酒倒入咖啡杯即成。

咖啡小語 *Coffee Story*

傳統的愛爾蘭咖啡是直接以愛爾蘭咖啡酒杯啜飲。在愛爾蘭咖啡杯中加入酒、方糖，點火後再倒入熱咖啡及鮮奶油。這道食譜則多了一道手續，即將火焰倒入咖啡杯中，較方便飲用，製作過程也較美麗。

TIPS

1. 製作愛爾蘭咖啡一定要用到一整組的器具，包括：愛爾蘭咖啡杯、愛爾蘭咖啡架和酒精燈，價格大約1,800元。
2. 愛爾蘭咖啡製作不易，要多加練習；在夜晚啜飲一杯愛爾蘭咖啡，感覺很詩意喔！

CAFÉ
IRISH

coffee

摩卡咖啡

Caffè Mocha

義式濃縮咖啡

難度 ●●

材料 *Ingredients*

義式濃縮咖啡30c.c.
鮮奶240c.c.
巧克力醬15c.c.
裝飾用巧克力醬適量

做法 *Instructions*

1. 咖啡煮好倒入杯中，加入巧克力醬拌勻。
2. 鮮奶倒入奶泡壺中，加熱至60～70℃後打成奶泡（奶泡製作參照p.22～23）。
3. 輕搖鋼杯，將牛奶、奶泡倒入杯內。
4. 淋上裝飾用巧克力醬即成。

咖啡小語 *Coffee Story*

摩卡的原意是巧克力，而摩卡咖啡Caffè Mocha，又叫威克蘭娜咖啡，是由義式濃縮咖啡、巧克力和奶泡混合而成。雖然這是來自美國的咖啡，但因以義式濃縮咖啡為基底咖啡，增添不少義大利風情，使人誤以為是義大利當地調製出的咖啡。

TIPS

1. 做巧克力的表面裝飾時，巧克力醬先由杯子中心往外畫圓，巧克力醬可隨個人喜好決定粗細，再以牙籤從外側畫到中心，共畫8條線。
2. 如果沒有義式咖啡機，也可利用摩卡壺製作義式濃縮咖啡。不過，摩卡壺的蒸氣壓力比不上義式咖啡機，萃取出的油脂和口感也都比不上。

CAFFÈ MOCHA

coffee

熱美式咖啡

Americano

義式濃縮咖啡

難度 ●

材料 *Ingredients*

義式濃縮咖啡30c.c.、熱水120c.c.

做法 *Instructions*

1. 咖啡煮好倒入杯中。
2. 加入熱水即成。

咖啡小語 *Coffee Story*

熱美式咖啡Americano或Café Americano一字的由來，是嘲笑美國人將義式濃縮咖啡加水稀釋後飲用，又叫義式淡咖啡、美式淡濃縮咖啡。

TIPS

1. 120c.c.的熱水量只是建議水量，可視個人的口味增減水量。
2. 熱水的溫度約為90～100℃即可。

約克咖啡

Yolk Coffee

深焙熱咖啡

難度 ●

材料 *Ingredients*

熱咖啡（建議使用深焙咖啡豆）120c.c.
鮮奶120c.c.、蛋黃1個、細砂糖1小匙

做法 *Instructions*

1. 咖啡煮好後連同鮮奶、細砂糖一起倒入鍋中，以小火加熱至細砂糖融化，即可關火。
2. 加入蛋黃，立刻以打蛋器拌勻。
3. 攪打至有泡沫出現，倒入杯中即成。

咖啡小語 *Coffee Story*

濃郁的咖啡伴隨著蛋奶香，這是加入了蛋黃的變化款花式咖啡。高營養的蛋黃，是早餐最佳的元氣咖啡。

TIPS

做法1.在加熱時，只要煮到細砂糖融化即可，不需煮滾或過度加熱，否則牛奶會結成塊狀。

coffee

維也納咖啡

Vienna Coffee

深焙豆咖啡

難度 ●○○○

材料 *Ingredients*

熱咖啡（建議使用深焙咖啡豆）120c.c.

打發的鮮奶油適量

做法 *Instructions*

1. 咖啡煮好倒入杯中。
2. 擠上一層鮮奶油即成。

咖啡小語 *Coffee Story*

維也納咖啡Vienna Coffee，是指咖啡液面上，加入滿滿的打發鮮奶油。據說這杯咖啡有個浪漫的典故：在奧地利的維也納，某個深夜，有位馬車夫在等待時，手拿一杯咖啡取暖。他不禁沉醉在家中妻子的溫柔身影，不知不覺在咖啡中加入了過多的鮮奶油，沒有攪拌而直接喝，卻發現異常美味。

TIPS

1. 品嘗維也納咖啡時，建議不要以湯匙攪拌混合飲用。可先輕嘗冰冷的鮮奶油層，再細細品味咖啡特有的甘苦味。
2. 這道咖啡建議以香氣較重的深焙咖啡豆，苦味較強烈，口感厚重適合做花式咖啡。

VIENNA
COFFEE

coffee

俄式咖啡

Russian Coffee

綜合咖啡

難度

材料 *Ingredients*

綜合咖啡 120c.c.

橘子果醬 8g.

柳橙片1片

伏特加 1/4oz.

打發的鮮奶油適量

做法 *Instructions*

1. 咖啡煮好倒入杯中。
2. 加入橘子果醬及柳橙片。
3. 擠上一層鮮奶油，淋入伏特加即成。

咖啡小語 *Coffee Story*

俄羅斯咖啡（俄式咖啡）的配方中，有加入了烈酒伏特加的，也有的是加入了酸酸甜甜的橘子、桔子果醬。也有人說俄羅斯咖啡是愛爾蘭咖啡的變化款，是指以伏特加取代了愛爾蘭威士忌。

TIPS

除了橘子以外，也可用同樣酸甜味的桔子果醬來替代。

RUSSIAN COFFEE

coffee

亞歷山大咖啡

Café Alexander

綜合咖啡

難度 ●

材料 *Ingredients*

綜合咖啡120c.c.、棕可可酒1/4oz.、
鮮奶油適量、可可粉少許

做法 *Instructions*

1. 咖啡煮好倒入杯中。
2. 加入棕可可酒。
3. 擠上一層鮮奶油，撒上可可粉即成。

咖啡小語 *Coffee Story*

咖啡豆在做為時尚飲料的前身，是糧食之一。古老的非洲部落居民把咖啡豆磨碎，加入動物脂肪，滾成球狀，讓作戰長征的武士們和遠行的旅人補充體力和養分。咖啡成為受歡迎的飲料，是直到西元1000年，阿拉伯人開始煮咖啡豆的時候，才在歷史上看見喝咖啡的紀錄。

TIPS

1. 這裡加入的棕可可酒（Brown Creme De Cacao）是香甜酒的一種，多用來製作調酒，但加入咖啡，和鮮奶油一起飲用，有別於傳統咖啡的氣味和口感。
2. 綜合咖啡是以市售綜合咖啡豆製作的咖啡。

愛爾蘭香料咖啡

Irish Spice Coffee

綜合咖啡

難度 ● ○ ○

材料 *Ingredients*

綜合咖啡120c.c.、檸檬皮1片

丁香6個、威士忌酒1/2oz.、肉桂棒1支

做法 *Instructions*

1. 咖啡煮好倒入杯中。
2. 放入丁香，檸檬皮切長條狀放在咖啡杯緣。
3. 淋入威士忌酒，加入肉桂棒即成。

TIPS

肉桂棒放入咖啡中攪拌，待肉桂棒釋放的獨特香氣與咖啡香融為一體，即可將肉桂棒取出。

咖啡小語 *Coffee Story*

在許多義大利咖啡館裡，服務生奉上咖啡的同時，會附上肉桂棒做為攪拌棒使用。攪著攪著，肉桂特有的辛香味就會慢慢地滲入咖啡之中。也有多數人撒上些許肉桂粉，為咖啡增加香氣。

瑞士摩卡可可咖啡

Swiss Mocha Coco Coffee

義式濃縮咖啡

難度 ●○○

材料 *Ingredients*

義式濃縮咖啡 30c.c.
鮮奶 240c.c.
巧克力膏 1/2oz.
打發的鮮奶油適量
巧克力屑少許

做法 *Instructions*

1. 將鮮奶和巧克力膏加熱攪拌混勻，倒入杯中。
2. 咖啡煮好倒入杯中。
3. 擠上一層鮮奶油，撒上些許巧克力屑即成。

咖啡小語 *Coffee Story*

一般來說，摩卡咖啡Caffè Mocha，是由義式濃縮咖啡、巧克力和奶泡混合而成。這道瑞士摩卡咖啡稍微做了點變化，加入了鮮奶油和巧克力米（巧克力片）。濃厚的義式濃縮咖啡中加入巧克力和鮮奶油，口感更豐富多變。

TIPS

可以削片的巧克力取代巧克力米，最後再撒點可可粉亦可。

SWISS MOCHA COCO COFFEE

鴛鴦

Coffee mixed Milk Tea

綜合咖啡

難度 ●○○○

材料 *Ingredients*

綜合咖啡 90c.c.
港式奶茶 210c.c.
煉乳或細砂糖適量

做法 *Instructions*

1. 咖啡煮好倒入杯中。
2. 製作港式奶茶。
3. 將奶茶倒入杯中，和咖啡混合即成，亦可加入煉乳或細砂糖。

咖啡小語 *Coffee Story*

1. 鴛鴦，就是鴛鴦奶茶，是香港特有的飲品，以3成的咖啡與7成的港式奶茶調配出來的。它是由香港茶餐廳蘭芳園於1952年時首創的港式飲品，已成為平民化的飲料。
2. 香港另外有以阿華田加好立克調配而成的飲料，因為不含咖啡因，稱作兒童鴛鴦。

TIPS

1. 一般香港茶餐廳中的港式奶茶，是以立頓錫蘭紅茶，加上荷蘭的黑白牌奶水調製而成。
2. 鴛鴦可依個人喜好，加入煉乳、細砂糖來飲用。

COFFEE MIXED MILK TEA

咖啡依產地、烘焙程度、沖煮器具的差異，當你手拿一杯咖啡品嘗時，才能品味到不同的芬芳。咖啡豆並非隨地都能種，只有在某些地區可種植。而且，因產地會有不同風味。認識幾個主要產區的咖啡豆，有助於選購自己喜歡的咖啡。以下咖啡豆皆從「香、甘、酸、醇、苦」五個項目來看，每個項目分成3等，愈接近圓圈外圍頂端，例如酸則代表愈酸！

曼特寧豆聞名於世──印尼

Mandheling × Indonesia

很受台灣人歡迎的曼特寧豆，產自於印尼蘇門達臘的中西部。曼特寧較為濃稠、質感厚重、酸度較低。此外，印尼蘇拉維西的咖啡豆味和蘇門達臘的曼特寧相似，但酸度略高。

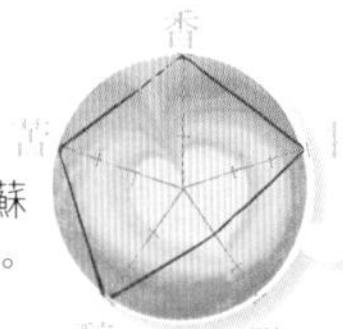

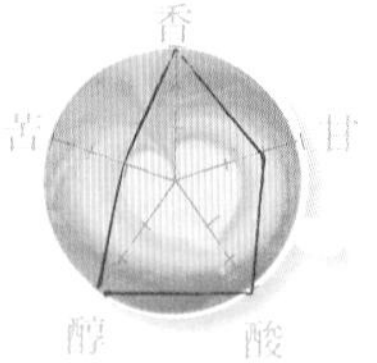

摩卡豆的故鄉──葉門

Mocha × Yemen

摩卡是葉門早期的咖啡出口港口，因此，泛稱葉門的咖啡豆為「摩卡豆」。葉門的咖啡質感厚實、酸度高，層次豐富且帶有巧克力的香味，後來加入巧克力的飲品稱為「摩卡」。

藍山咖啡的產地──牙買加

Blue Mountain × Jamaica

咖啡產於加勒比海的牙買加的藍山上，原是指某幾個莊園出產的咖啡豆，後來只要位在藍山山區，處理程序合乎標準的都稱為藍山咖啡。藍山咖啡豆味道甘美、柔和而滑口，是咖啡中的極品。

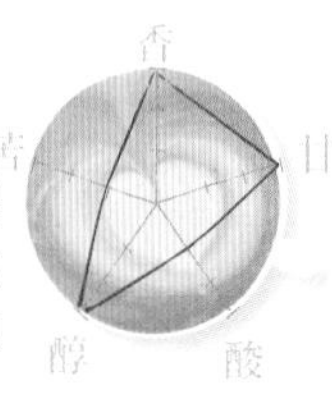

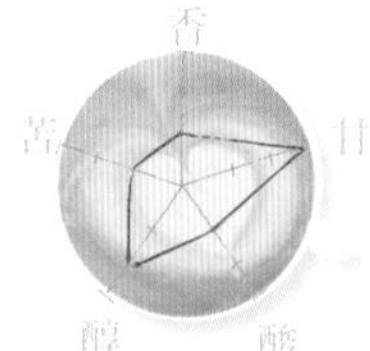

全球最大生產國，山多士最出名──巴西

Santos × Brazil

最常見的是「山多士」，是指從最大的山多士港口出口的咖啡豆，可能來自巴西國內的任一產區，最有名的產區是席拉多（Cerrado）。巴西的咖啡豆質感中等、酸度低，因含豐富的油脂，是製作義式濃縮咖啡中不可缺的豆子，可帶來豐富的克立瑪（Crema）。

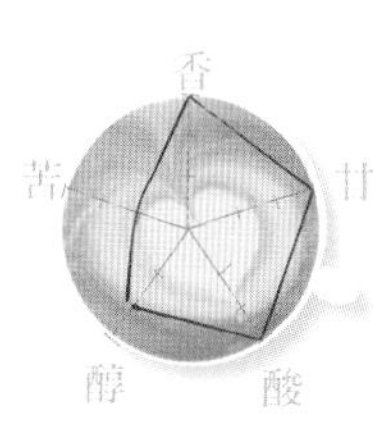

品味耶加雪啡──衣索比亞

Yirgacheffe × Ethiopia

西達莫內的耶加雪啡所產的咖啡豆，屬小顆粒豆，品質是全衣索比亞中最優質的。帶有淡淡的茉莉、檸檬和蜂蜜香，入口甘甜。東部哈拉（Harrar）和葉門的摩卡豆相似。

美國唯一生產的可娜豆──夏威夷

Kona × Hawaii

夏威夷可娜島生產的可娜豆，是美國唯一生產的咖啡豆，也有人稱它為火山豆。可娜豆酸度高、口感柔順、香氣重，帶有堅果香。

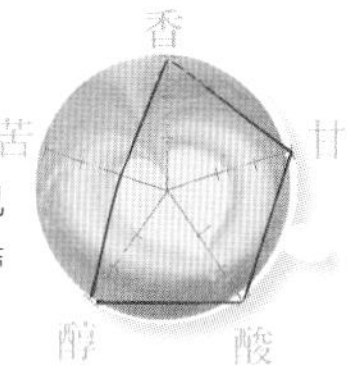

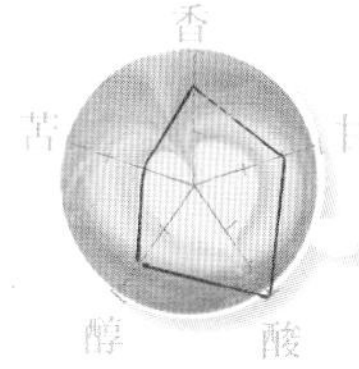

煙燻味咖啡豆很受歡迎──瓜地馬拉

Smoke Flavor Beans × Guatemala

質感厚重、酸度強、苦味較低是瓜地馬拉豆的特色，安堤瓜（Antigua）產地的咖啡豆最為有名。充足的日曬和高海拔，使這裡的咖啡豆帶有特殊的煙燻味和酸味，口味豐富。

焦糖口味咖啡豆──哥倫比亞

Caramel Coffee Beans × Colombia

產於高山上，質感厚重、有微微的酸味和甘醇香，帶有特殊的焦糖味，多用來做調配綜合咖啡豆。品質較巴西咖啡豆高，酸度也比其高。

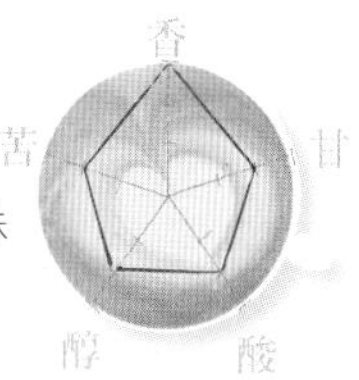

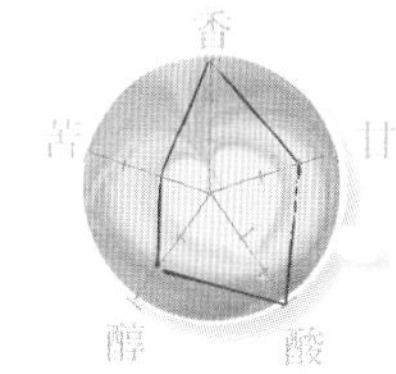

酸度強勁、愛酸味首選──肯亞

Sour Flavor Beans × Kenya

肯亞咖啡豆的質感中等、甜味適中、酸度強和帶水果香。依豆子的大小可分成AA+，接下來是AA、AB，但與品質和產地無關。

Part 2

Favorite Flavors

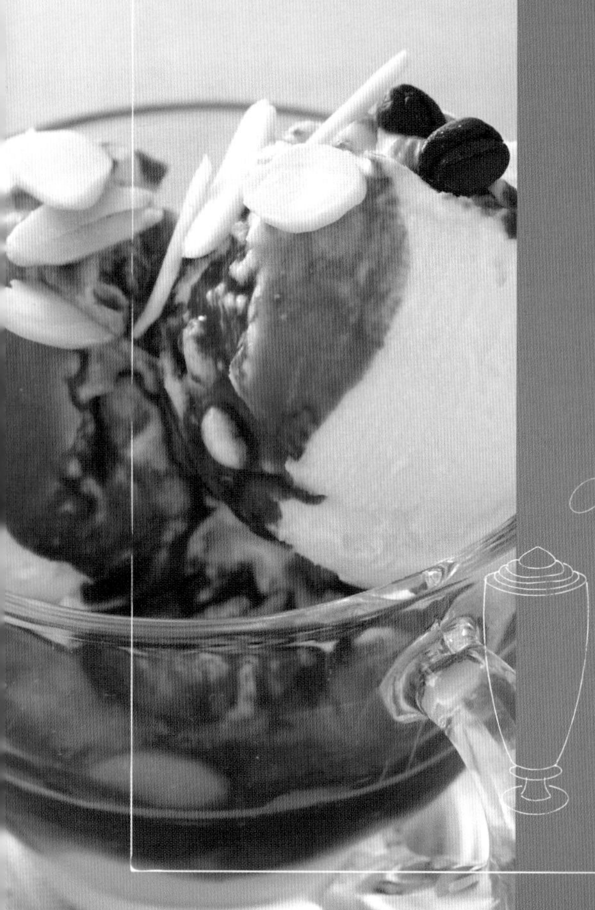

抹茶拿鐵咖啡 *Green Tea Caffè Latte*
榛果拿鐵咖啡 *Hazelnut Caffè Latte*
檸檬皇家咖啡 *Lemon Café Royal*
瑪羅奇諾 *Caffe Marocchino*
爪哇摩卡咖啡 *Mocha Java Coffee*
黑糖咖啡 *Black Sugar Coffee*
白蘭地咖啡 *Coffee with Brandy*
豆奶咖啡 *Soy Milk Coffee*
摩卡星冰樂 *Mocha Frappuccino*
提拉米蘇冰咖啡 *Tiramisu Iced Coffee*
冰咖啡歐蕾 *Iced Café Au Lait*
冰咖啡拿鐵 *Iced Caffè Latte*
焦糖瑪奇朵 *Caramel Macchiato*
濃縮咖啡冰淇淋 *Espresso with Ice Cream*
魔幻漂浮冰咖啡 *Magic Café Floato*
卡布奇諾冰砂 *Cappuccino Sorbet*

最受歡迎的花式咖啡

在咖啡中加入了酒、調味料……，單品咖啡彷彿被施了魔術般變化多端，豐富了品嘗者的味覺，增添人們無限的想像力。

coffee

抹茶拿鐵咖啡

Green Tea Caffè Latte

義式濃縮咖啡

難度 ●○○

材料 *Ingredients*

義式濃縮咖啡30c.c.
鮮奶150c.c.
抹茶粉約6g.

做法 *Instructions*

1. 咖啡煮好倒入杯中。
2. 將抹茶粉加入鮮奶中，加熱至 60 ～ 70℃後打成奶泡（奶泡製作參照 p.22 ～ 23）。
3. 輕搖鋼杯，將牛奶、奶泡倒入杯內。

TIPS

1. 因為抹茶粉有些微苦味，可以加入約10c.c.的香草糖漿，以增加甜味。
2. 還有另一種做法，先將抹茶粉倒入杯中，以少許溫水拌勻，再倒入濃縮咖啡。然後打好綿密的奶泡，最後將牛奶、奶泡倒入杯中即可。

榛果拿鐵咖啡

Hazelnut Caffè Latte

義式濃縮咖啡

難度 ●○○

材料 *Ingredients*

義式濃縮咖啡30c.c.
鮮奶150c.c.
榛果糖漿15c.c.

做法 *Instructions*

1. 咖啡煮好倒入杯中。
2. 加入榛果糖漿拌勻。
3. 鮮奶倒入奶泡壺中，加熱至 60 ～ 70℃後打成奶泡（奶泡製作參照 p.22 ～ 23）。
4. 輕搖鋼杯，將牛奶、奶泡倒入杯內即成。

TIPS

榛果糖漿是液體狀的調味糖漿，適合用在調製咖啡、冰沙、花式調酒，這裡則可依個人喜好加入適當的量。

檸檬皇家咖啡

Lemon Café Royal

義式濃縮咖啡

難度 ●

材料 *Ingredients*

綜合咖啡120c.c.
檸檬皮1片
白蘭地1oz.

做法 *Instructions*

1. 咖啡煮好倒入杯中。
2. 將檸檬片削成長條狀，放在杯緣。
3. 倒入白蘭地後點火，讓火焰在杯上燃燒，待火熄滅後即可飲用。

咖啡小語 *Coffee Story*

這是從皇家咖啡加以變化而來，不同的地方是這裡沒有將酒淋在方糖上點火，而是將酒淋在咖啡液表面，直接點火，所以不需使用到皇家勾匙。

TIPS

因為是直接點火於咖啡液表面的白蘭地酒上，火焰燃燒的面積較大，操作者更需注意安全。

LEMON CAFÉ ROYAL

瑪羅奇諾

Caffè Marocchino

義式濃縮咖啡
難度 ●○○

材料 *Ingredients*

義式濃縮咖啡30c.c.
奶泡150c.c.
熱水100c.c.

做法 *Instructions*

1. 咖啡煮好，加入100c.c.的熱水（約95℃，類似製作美式咖啡，只是水量再少一些）。
2. 鮮奶倒入奶泡壺中，加熱至60～70℃後打成奶泡（奶泡製作法參照p.22～23）。
3. 奶泡倒入咖啡中，咖啡和奶泡的量約2：1。也可用打發的鮮奶油取代奶泡。

咖啡小語 *Coffee Story*

瑪羅奇諾Caffè Marocchino，義大利文中是指摩洛哥風的咖啡。它是在義式濃縮咖啡中加入了奶泡或鮮奶油，有些配方還會撒上可可粉。

TIPS

也有人會加入巧克力一起製作，或者在奶泡上撒入些許可可粉，當可可粉沉入咖啡底，多層口感更豐富。

CAFFÈ MAROCCHINO

coffee

爪哇摩卡咖啡

Mocha Java Coffee

綜合咖啡

難度 ●○○

材料 *Ingredients*

綜合咖啡120c.c.
白砂糖4g.
巧克力膏1/2oz.
奶油球1個

做法 *Instructions*

1. 咖啡煮好倒入杯中。
2. 加入白砂糖、巧克力膏。
3. 加入奶油球即成。

TIPS

綜合咖啡是將多種咖啡豆混合在一起，調配出更多元化的香氣和口味。最具代表的綜合豆，是爪哇摩卡豆。它結合了質感厚實、帶巧克力香氣、散發出紅酒酸的葉門摩卡豆，和有濃郁香氣的爪哇阿拉比卡豆，是最佳的綜合咖啡豆之一。

黑糖咖啡

Black Sugar Coffee

綜合咖啡

難度 ●○○

材料 *Ingredients*

綜合咖啡120c.c.
黑糖 6g.

做法 *Instructions*

1. 咖啡煮好倒入杯中。
2. 加入黑糖即成。

TIPS

黑糖的香氣重，可嘗試搭配帶點酸味或苦味的綜合咖啡。

白蘭地咖啡

Coffee with Brandy

綜合咖啡

難度 ●

材料 *Ingredients*

綜合咖啡120c.c.
白蘭地1/4oz.
打發的鮮奶油適量

做法 *Instructions*

1. 咖啡煮好倒入杯中。
2. 加入白砂糖、白蘭地。
3. 擠上一層鮮奶油即成。

TIPS

咖啡中加入酒，更增添風味。最常用到的酒包含了卡魯哇酒（Kahlua）、白蘭地（Brandy）、君度橙酒（Cointreau）、愛爾蘭威士忌（Irish Whiskey）、棕可可酒（Brown Creme De Cacao）等。

豆奶咖啡

Soy Milk Coffee

綜合咖啡

難度 ●○○

材料 *Ingredients*

義式濃縮咖啡30c.c.

豆奶150c.c.

做法 *Instructions*

1. 咖啡煮好倒入杯中。
2. 豆奶倒入鋼杯，加熱至60～70℃後打成奶泡。
3. 輕搖鋼杯，將豆奶、奶泡倒入杯內即成。

TIPS

豆奶因為不含乳脂肪，所以打出來的奶泡泡沫較粗、不細緻。

摩卡星冰樂

Mocha Frappuccino

義式濃縮咖啡
難度 ●●○

材料 *Ingredients*

義式濃縮咖啡30c.c.
冰鮮奶90c.c.
長春鮮奶油30c.c.
香草冰淇淋2球
巧克力餅乾4片
打發的鮮奶油適量

做法 *Instructions*

1. 咖啡煮好後隔冰塊水冰鎮（參照p.88的TIPS）。
2. 將冰鎮的咖啡倒入冰沙機，依序加入冰鮮奶、鮮奶油和香草冰淇淋，最後加入3片巧克力餅乾，開始攪打，並一邊在上方以攪拌棒輔助攪打。
3. 擠入打發的鮮奶油，放上1片巧克力餅乾裝飾。

咖啡小語 *Coffee Story*

星冰樂（Frappuccino）是法文frappé（冰的飲品）＋ cappuccino（卡布奇諾）的造字，最早是從星巴克咖啡店開始販賣。是以咖啡、鮮奶、鮮奶油為主要材料。

TIPS

1. 義式濃縮咖啡冰鎮的方式，是將熱的義式濃縮咖啡倒入鋼杯，隔著冰塊水冰鎮，這樣才不會失去義式濃縮咖啡的濃度。
2. 長春鮮奶油是專門用來打發鮮奶油用的，超市有售。

MOCHA
FRAPPUCCINO

coffee

提拉米蘇冰咖啡

Tiramisu Iced Coffee

義式濃縮咖啡
難度 ●●○

材料 *Ingredients*

義式濃縮咖啡30c.c.
冰鮮奶30c.c.
提拉米蘇糖漿15c.c.
巧克力粉適量
冰塊適量

做法 *Instructions*

1. 咖啡煮好後隔冰塊水冰鎮（參照 p.88 的 TIPS）。
2. 將冰鎮的咖啡倒入雪克杯中，依序加入冰鮮奶、提拉米蘇糖漿，再倒入八分滿的冰塊，均勻搖晃。
3. 取出冰塊，將搖好的咖啡過濾至杯中，在表面均勻撒上巧克力粉即成。

咖啡小語 *Coffee Story*

提拉米蘇是義大利最為知名的甜點。提拉米蘇Tiramisu一字，有「賜給我充沛的活力」的意思，營養價值高，內含酒類和咖啡，能振奮人的精神。這道咖啡是加入了提拉米蘇糖漿，最後再於表面撒上巧克力粉，可以說是喝的提拉米蘇。

TIPS

鮮奶以全脂的較香醇。提拉米蘇糖漿可在進口糖漿材料店或http://coffeecenter.com.tw/store_all.asp購得。

TIRAMISU ICED COFFEE

冰咖啡歐蕾

Iced Café Au Lait

法式烘焙豆冰咖啡

難度 ●○○

材料 *Ingredients*

冰咖啡（建議使用法式烘焙咖啡豆）120c.c.

果糖1oz.

鮮奶120c.c.

碎冰180g.

做法 *Instructions*

1. 咖啡煮好，以外縮法冷卻（參照右方TIPS）。
2. 先將果糖倒入杯中，加入碎冰。
3. 倒入鮮奶，再倒入冰咖啡即成。

TIPS

外縮法是將煮好的咖啡，以隔冰水冰鎮的方法，使咖啡迅速降溫。直接將冰塊放入熱咖啡中會稀釋掉咖啡原味，所以利用這種方法。

冰咖啡拿鐵

Iced Caffè Latte

綜合咖啡

難度 ●○○

材料 *Ingredients*

冰綜合咖啡120c.c.
果糖1oz.
鮮奶100 c.c.
碎冰60g.

做法 *Instructions*

1. 咖啡煮好，以外縮法冷卻（參照p.88的TIPS）。
2. 杯中加入果糖、鮮奶、碎冰。
3. 再以酒吧長匙的湯杓擋住咖啡衝力，徐徐將咖啡倒入杯中。

TIPS

冰拿鐵中的咖啡和牛奶會隨著時間慢慢交溶，在兩兩交界處有呈現出躍動的畫面才算成功，被稱為「跳舞咖啡」。

Coffee

焦糖瑪奇朵

Caramel Macchiato

義式濃縮咖啡

難度 ●○○○

材料 *Ingredients*

義式濃縮咖啡30c.c.
鮮奶150c.c.
香草糖漿15c.c.
焦糖漿少許

做法 *Instructions*

1. 咖啡煮好。
2. 鮮奶倒入奶泡壺中，加熱至60～70℃後打成奶泡，倒入杯中。
3. 加入香草糖漿、咖啡。
4. 在奶泡上淋上焦糖漿即成。

咖啡小語 *Coffee Story*

焦糖瑪奇朵Caramel Macchiato，是在熱牛奶中加入義式濃縮咖啡、香草糖漿，最後再淋上焦糖口味的糖漿，是很受一般大眾歡迎的咖啡飲品。

TIPS

糖漿又被稱為果露，有香草、榛果、巧克力等各種口味，都很常用來製作花式咖啡。

CARAMEL MACCHIATO

coffee

濃縮咖啡冰淇淋

Espresso with Ice Cream

義式濃縮咖啡

難度 ●○○

材料 *Ingredients*

義式濃縮咖啡60c.c.
香草冰淇淋3球
杏仁片適量
巧克力豆適量

做法 *Instructions*

1. 咖啡煮好。
2. 先將香草冰淇淋放入杯中，倒入咖啡，撒上杏仁片和巧克力豆即成。

咖啡小語 *Coffee Story*

香草冰淇淋已帶有甜味，搭配苦的義式濃縮咖啡真是絕配，是炎夏時的最佳口味冰淇淋。

TIPS

不要選擇過甜的冰淇淋，否則會使得義式濃縮咖啡更苦，反而失去了兩者結合的特色。

ESPRESSO
WITH
ICE CREAM

coffee

魔幻漂浮冰咖啡

Magic Café Floato

綜合咖啡

難度 ●

材料 *Ingredients*

冰綜合咖啡120c.c.、果糖1oz.
巧克力膏12oz.
打發的鮮奶油適量
巧克力冰淇淋1小球
七彩米少許

做法 *Instructions*

1. 咖啡煮好，加入果糖攪拌均勻，以外縮法冷卻（參照p.88的TIPS）。
2. 將巧克力膏倒入杯中，再倒入冰咖啡。
3. 擠上一層鮮奶油，加上巧克力冰淇淋，撒上少許七彩米即成。

TIPS
可以其他口味的冰淇淋取代巧克力冰淇淋。

卡布奇諾冰沙

Cappuccino Sorbet

義式濃縮咖啡

難度 ●○○

材料 *Ingredients*

義式濃縮咖啡30c.c.
鮮奶油15c.c.
蜂蜜10c.c.
糖水15c.c.
碎冰140g.

做法 *Instructions*

1. 咖啡煮好。
2. 將碎冰、咖啡和其他材料倒入果汁機中，以高速先攪打10秒鐘。
3. 略微拌一下，再繼續攪打20秒鐘即成。

TIPS

1. 以果汁機製作冰沙時，冰塊必須敲細碎，才容易打成泥狀且不會損害機器。
2. 自製糖水DIY：將650g.的細砂糖加入600c.c.的水煮滾即可，放涼後再使用。

Coffee × Sweets 咖啡×甜點

悠然的午茶聚會、一個人的咖啡時光，香濃的咖啡是主角，但卻少不了有著繽紛色彩、美味甜點的搭配。不過，站在排放各式甜點的玻璃櫃前，是不是很難下決定？這時除了依喜好，別忘了根據你點的咖啡來選擇。不同產區、烘焙方式、器具，煮出偏苦、偏酸等不同口味的咖啡，該如何搭配甜點呢？

馬卡龍

達克瓦滋

義式濃縮咖啡×馬卡龍

Espresso × Macaron

義式濃縮咖啡口味單純、香濃醇，單飲時，有人會加入一匙糖後一飲而盡，義大利人認為搭配巧克力和傳統義大利脆餅（Biscotti）最好。此外，法式甜點馬卡龍（Macaron）、達克瓦滋、提拉米蘇、冰淇淋或焦糖布丁等，都適合配義式濃縮咖啡。

苦味咖啡×巧克力蛋糕

Bitter Coffee × Gâteau au Chocolate

甜度高的甜點，搭配苦味咖啡時，不僅避免甜點因過甜而膩口，更能帶出苦味咖啡的甘醇。含高可可成分的甜點，味道也很配。除濃厚的巧克力蛋糕外，蘋果派、蒙布朗、焦糖牛奶糖、莎瓦林（Savarin）等也不錯。

巧克力蛋糕

蒙布朗

冰咖啡×年輪蛋糕
Iced Coffee × Baumkuchen

冰咖啡的口味較清爽，適合搭配水果類甜點，以及易完整吸收水分質地的甜點，可同時品嘗到咖啡和小麥的香氣。水果甜點有草莓塔、水果蛋糕，易吸收咖啡汁液的甜點則有年輪蛋糕、戚風蛋糕、鬆餅和蛋糕捲等。

草莓蛋糕

檸檬塔

酸味咖啡 × 奶油蛋糕
Sour Coffee × Short Cake

最佳的搭配，是含有高乳脂肪、大量鮮奶油的甜點，兩者口味融合後最為順口。這類甜點如奶油蛋糕、千層派、鬆餅、蜂蜜蛋糕，或者日本的銅鑼燒等。

巴黎千層

Part 3

Chic Flavors

冰義式濃縮咖啡 *Iced Espresso*
冰美式咖啡 *Iced American Coffee*
摩卡可可冰咖啡 *Mocha Coco Iced Coffee*
可可冰咖啡 *Coco Iced Coffee*
愛爾蘭冰咖啡 *Irish Iced Coffee*
亞歷山大冰咖啡 *Alexander Iced Coffee*
漂浮冰咖啡 *Café Floato*
啤酒冰咖啡 *Iced Beer Coffee*
古拉索冰咖啡 *Iced Cafe Curacao*
茉莉冰咖啡 *Jasmine Iced Coffee*
奶油冰咖啡 *Creamy Iced Coffee*
牙買加冰咖啡 *Jamaican Iced Coffee*
巧克力漂浮冰咖啡 *Cafè Chocolate Floato*
俄羅斯冰咖啡 *Iced Russian Coffee*
巧克力冰淇淋咖啡 *Iced Coffee with Chocolate Ice Cream*
冰島冰咖啡 *Iceland Iced Coffee*
冰巧克力咖啡 *Iced Chocolate Coffee*
香榭冰咖啡 *Iced Cafe Cointreau*
彩虹冰淇淋咖啡 *Rainbow Ice Cream Coffee*

也來試試流行創意冰咖啡

發揮你的創造力，像畫水彩般，在咖啡中加入彩色冰淇淋、透明酒類、紅色的櫻桃糖漿， 變化出一杯杯消暑的冰咖啡。

冰義式濃縮咖啡

Iced Espresso

義式濃縮咖啡

難度 ●○○

材料 *Ingredients*

義式濃縮咖啡60c.c.
冰塊適量
糖漿適量
檸檬片1片

做法 *Instructions*

1. 將冰塊放入杯中。
2. 咖啡煮好倒入杯中。
3. 加入糖漿，滴入少許檸檬汁即成。

TIPS

製作這道冰咖啡時，因濃縮咖啡本身就稍苦，可加入冰塊稍微稀釋。在倒入咖啡前，先放入冰塊，咖啡可迅速冷卻，更加沁涼好喝。

冰美式咖啡

Iced American Coffee

冰咖啡

難度 ●○○

TIPS

1. 另一種冰咖啡的做法，是將咖啡粉的粉量增加為原來的2倍，水量則減少1/3，以萃取出較濃的咖啡。然後準備一個裝滿冰塊的杯子，倒入全部煮好的咖啡，稍微攪拌即可，飲用時可酌量加入糖漿。
2. 雪克杯又叫搖酒器、手搖杯，製作花式調酒時常使用，可均勻搖混各種液體材料。

材料 *Ingredients*

冰咖啡200c.c.

糖漿30c.c.

冰塊適量

做法 *Instructions*

1. 咖啡煮好。
2. 將咖啡、糖漿和冰塊放入雪克杯中充分搖晃。
3. 將搖好的咖啡倒入杯中，雪克杯中的冰塊不必倒出。

coffee

摩卡可可冰咖啡

Mocha Coco Iced Coffee

摩卡咖啡

難度 ●○○○

材料 *Ingredients*

冰摩卡咖啡120c.c.、奶精粉8g.
白砂糖8g.、巧克力膏1/2oz.、冰塊150g.
碎冰180g.、打發的鮮奶油適量、巧克力醬適量

做法 *Istructions*

1. 咖啡煮好倒入雪克杯中。
2. 加入奶精粉、白砂糖攪拌至溶解。
3. 加入巧克力膏和冰塊。
4. 取一個杯子，先放入碎冰，再倒入手搖約15下的冰咖啡，冰塊不要倒入。
5. 擠上一層鮮奶油、巧克力醬即成。

TIPS

利用市售的摩卡豆煮的咖啡偏酸性，可用摩卡7：曼特寧豆3調配，適合喜愛酸性，又不至於過酸的人飲用。

可可冰咖啡

Coco Iced Coffee

綜合咖啡

難度 ●○○

材料 *Ingredients*

冰綜合咖啡120c.c.
果糖1oz.、鮮奶90 c.c.、貝里斯奶酒1/2oz.
冰塊180g.
打發的鮮奶油適量、玉桂粉少許

做法 *Instructions*

1. 咖啡煮好倒入雪克杯中。
2. 加入果糖、鮮奶、奶酒和冰塊，手搖約15下，倒入杯中。
3. 擠上一層鮮奶油，撒上玉桂粉即成。

TIPS

這裡使用的市售綜合咖啡豆，是店家自己以多種咖啡豆混合而成，沒有標準的口味。讀者可多嘗試各店家搭配的義大利咖啡豆，選擇自己喜愛的口味。

愛爾蘭冰咖啡

Irish Iced Coffee

綜合咖啡

難度

材料 *Ingredients*

冰綜合咖啡120c.c.
白砂糖8g.、愛爾蘭威士忌1/2oz.、鮮奶120c.c.
打發的鮮奶油適量、冰塊180g.

做法 *Instructions*

1. 將鮮奶油之外的全部材料倒入雪克杯中，手搖約 15 下。
2. 徐徐倒入杯中，擠上一層鮮奶油即成。

TIPS

威士忌（whisky）是以大麥釀造，常見的有愛爾蘭威士忌、蘇格蘭威士忌等可單飲，或用來調酒或咖啡、飲料。

亞歷山大冰咖啡

Alexander Iced Coffee

冰咖啡

難度 ●○○

材料 *Ingredients*

冰咖啡120c.c.
白砂糖8g.、奶精粉8g.、白蘭地1/2oz.
巧克力膏10c.c.、冰塊180g.

做法 *Instructions*

1. 咖啡煮好，加入白砂糖攪拌均勻，倒入雪克杯中。
2. 依序加入奶精粉、白蘭地、巧克力膏和冰塊，手搖約 15 下即成。

TIPS

這裡使用的冰咖啡，不限於哪種單品咖啡豆或綜合咖啡豆，可依個人喜好選用。冰鎮咖啡的做法可參照 p.88 的 TIPS。

漂浮冰咖啡

Café Floato

冰咖啡

難度 ●○○○

材料 *Ingredients*

冰咖啡120c.c.、果糖1oz.
打發的鮮奶油適量
香草冰淇淋1球、碎冰180g.

做法 *Istructions*

1. 咖啡煮好，以外縮法冷卻（參照 p.88 的 TIPS）。
2. 加入果糖，稍微攪拌。
3. 將碎冰倒入杯中，接著倒入拌勻果糖的冰咖啡。
4. 擠上一層鮮奶油，加上香草冰淇淋即成。

TIPS

香草冰淇淋中濃厚的奶油和香草香味，與咖啡融合後飲用，大人小孩都喜歡。

啤酒冰咖啡

Iced Beer Coffee

冰咖啡

難度 ●

材料 *Ingredients*

冰咖啡120c.c.
果糖1oz.、白蘭地酒1/2oz.
白汽水100c.c.、碎冰120g.

做法 *Instructions*

1. 咖啡煮好，以外縮法冷卻（參照 p.88 的 TIPS）。
2. 加入碎冰，倒入果糖、白蘭地。
3. 加入白汽水即成。

TIPS

1. 在 Pub 裡面通常是喝著啤酒冰咖啡，搭配著花生米吃，口味相當不錯！你也可以試試。
2. 白汽水是沒有甜味的蘇打水。

coffee

古拉索冰咖啡

Iced Cafe Curacao

冰咖啡

難度 ●○○

材料 *Ingredients*

冰咖啡120c.c.、果糖1oz.
鮮奶90c.c.、白橙皮酒1/2oz.、冰塊180g.
打發的鮮奶油適量、柳丁皮絲少許

做法 *Instructions*

1. 咖啡煮好後加入果糖拌勻。
2. 將咖啡倒入雪克杯中，加入白橙皮酒、鮮奶和冰塊，手搖約15下，倒入杯中。
3. 擠上一層鮮奶油，以柳丁皮絲裝飾即成。

TIPS

白橙皮酒、白橙皮香甜酒（Triple Sec Liqueur），是由多種柑橘類製成，色澤透明，多用在花式調酒。

茉莉冰咖啡

Jasmine Iced Coffee

冰咖啡

難度 ●○○

材料 *Ingredients*

冰咖啡120c.c.、蜂蜜1oz..
茉莉綠茶120c.c.、碎冰180g.
打發的鮮奶油適量、綠茶粉適量

做法 *Instructions*

1. 咖啡煮好，以外縮法冷卻（參照 p.88 的 TIPS）
2. 將蜂蜜、碎冰、茉莉綠茶和冰咖啡依序倒入杯中。
3. 擠上一層鮮奶油，撒上綠茶粉裝飾即成。

TIPS

茉莉綠茶也可以茉莉茶包或茉莉花茶葉自製，茶的濃度隨個人喜好。

奶油冰咖啡

Creamy Iced Coffee

冰咖啡

難度 ●

材料 *Ingredients*

冰咖啡120c.c.
果糖1/2oz.、白橙皮酒1/4oz.
碎冰180g.、打發的鮮奶油適量

做法 *Instructions*

1. 咖啡煮好，以外縮法冷卻（參照 p.88 的 TIPS）。
2. 杯中倒入果糖，加入碎冰。
3. 加入冰咖啡、白橙皮酒。
4. 擠上一層高高的鮮奶油即成。

TIPS

液態鮮奶油有動物性、植物性 2 種，植物性鮮奶油因含有糖，所以打發時較穩定。

牙買加冰咖啡

Jamaican Iced Coffee

冰咖啡

難度 ●○○

材料 *Ingredients*

冰咖啡120c.c.
果糖1oz.、煉乳1oz.、巧克力膏1/4oz.
碎冰180g.、冰塊120g.

做法 *Instructions*

1. 杯中先放入碎冰。
2. 咖啡煮好後直接倒入雪克杯中。
3. 加入煉乳、巧克力膏、冰塊和果糖，手搖約15下後倒入杯中，冰塊不要倒入。

TIPS

巧克力膏是濃稠、液態的巧克力醬，純度高，除了做摩卡咖啡時常用到，另也用在製作甜點、塗抹麵包等。

coffee

巧克力漂浮冰咖啡

Café Chocolate Floato

冰咖啡

難度 ●○○

材料 *Ingredients*

冰咖啡120c.c.、白砂糖8g.
打發的鮮奶油約1圈
巧克力冰淇淋3小球、碎冰120g.

做法 *Instructions*

1. 咖啡煮好，加入 8g. 白砂糖攪拌均勻冷卻，以外縮法冷卻（參照 p.88 的 TIPS）。
2. 將碎冰倒入杯中，倒入冰咖啡。
3. 放上巧克力冰淇淋，然後擠上一圈鮮奶油圍住冰淇淋。
4. 最後撒些白砂糖點綴即成。

俄羅斯冰咖啡

Russian Iced Coffee

冰咖啡

難度 ●○○

材料 *Ingredients*

冰咖啡120 c.c.
白砂糖8g.、伏特加1/2oz.
櫻桃香甜酒1/2oz.、草莓果醬20g.
打發的鮮奶油適量、碎冰120g.

做法 *Instructions*

1. 咖啡煮好，加入白砂糖攪拌均勻，以外縮法冷卻（參照p.88的TIPS）。
2. 杯中依序放入鮮奶油、碎冰、伏特加、櫻桃香甜酒和草莓果醬，並一一鋪平。
3. 將咖啡徐徐倒入杯中即成。

TIPS

草莓果醬可選有果肉顆粒的，搭配鮮奶油和咖啡，口感更豐富。

巧克力冰淇淋咖啡

Iced Coffee with Chocolate Ice Cream

冰咖啡

難度

材料 *Ingredients*

冰咖啡120c.c.
果糖1oz.
打發的鮮奶油適量
巧克力冰淇淋1小球
碎冰120g.
咖啡酒12oz.
巧克力膏少許
杏仁片少許

做法 *Instructions*

1. 咖啡煮好，以外縮法冷卻（參照 p.88 的 TIPS），加入果糖。
2. 將碎冰倒入杯中，倒入冰咖啡和巧克力冰淇淋。
3. 擠上一層鮮奶油，倒入咖啡酒、巧克力膏，撒上杏仁片即成。

咖啡小語 *Coffee Story*

咖啡屋開始於伊士坦丁堡和大馬士革，來此的顧客留戀於咖啡、西洋雙陸棋和象棋之間。據說，橋牌就是發源於伊士坦丁堡的咖啡屋。

TIPS

巧克力冰淇淋、咖啡都帶點苦味，加入適量的果糖可提升甜度。

ICED COFFEE
WITH CHOCOLATE
ICE CREAM

coffee

冰島冰咖啡

Iceland Iced Coffee

冰咖啡

難度 ●○○

材料 *Ingredients*

冰咖啡120c.c.

果糖1oz.、鮮奶60 c.c.、棕蘭姆酒1/2oz.

香草冰淇淋1小球、花生粉6g.、碎冰120g.

做法 *Instructions*

1. 咖啡煮好，以外縮法冷卻（參照 p.88 的 TIPS）。
2. 將全部材料倒入果汁機中，以低速攪打30秒鐘即完成。

TIPS

全部材料放入果汁機中不要攪打太久，避免機器產生的熱度，破壞了這些食材本身的味道。

冰巧克力咖啡

Iced Chocolate Coffee

冰咖啡

難度 ●○○

材料 *Ingredients*

冰咖啡120c.c.、白砂糖8g.、打發的鮮奶油適量
巧克力膏1/2oz.、碎冰180g.、玉桂粉少許

做法 *Instructions*

1. 咖啡煮好，加入白砂糖攪拌均勻，以外縮法冷卻（參照 p.88 的 TIPS）。
2. 將碎冰倒入杯中，倒入咖啡。
3. 擠上一層鮮奶油、巧克力膏，最後撒上少許玉桂粉即成。

TIPS

玉桂粉就是肉桂粉，香料的一種，是將桂樹的樹皮磨成粉末狀使用。通常用在替甜點增添香氣。

Coffee

香榭冰咖啡

Iced Café Cointreau

冰咖啡

難度 ●

材料 *Ingredients*

冰咖啡120c.c.

果糖1 1/2oz.

君度橙酒1/2oz.

碎冰150g.

做法 *Instructions*

1. 咖啡煮好後加入1oz.果糖，以外縮法冷卻（參照p.88的TIPS）。
2. 杯中先放入剩餘的1/2oz.果糖。
3. 加入橙酒及碎冰，再加入咖啡。
4. 可以草莓裝飾。

TIPS

君度橙酒（cointreau）交夾著水果甜味和柑橘皮的香氣，適合用在花式調酒點心調味。

ICED
CAFÉ
COINTREAU

彩虹冰淇淋咖啡

Rainbow Ice Cream Coffee

冰咖啡

難度 ●●○

材料 *Ingredients*

冰咖啡120c.c.
果糖2/3oz.
蜂蜜2/3oz.（或紅石榴汁2/3oz.）
打發的鮮奶油適量
香草冰淇淋1大球
草莓冰淇淋1小球
碎冰180g.

做法 *Instructions*

1. 咖啡煮好，以外縮法冷卻（參照p.88的TIPS）。
2. 將果糖加入咖啡中稍微攪拌。
3. 將蜂蜜或紅石榴汁倒入杯中，再倒入碎冰、冰咖啡。
4. 擠上一圈鮮奶油，加上香草冰淇淋和草莓冰淇淋即成。

咖啡小語 *Coffee Story*

煮好咖啡剩下的咖啡渣能做什麼？它可放在菸灰缸中去除菸味；放在冰箱中減少冰箱內的異味；更可以放在密閉的室內，是最天然的空氣芳香劑。

TIPS

紅石榴汁口味酸甜，購買時注意市售有很多都是加入了色素、其他化學物的，對身體有害，最好選擇100％天然者為佳。

AINBOW
CREAM
FFEE

Coffee Time

Coffee Beans and Coffee Machines 咖啡豆和器具哪裡買

咖啡新手剛開始學煮咖啡，可依喜好口味、經濟能力，購買適合的沖煮器具和咖啡豆。你可以在以下這些連鎖咖啡店和精選咖啡館，買到咖啡器具和咖啡豆。

連鎖咖啡店

店名	網址
全國統一星巴克	http://www.starbucks.com.tw/
全國IS COFFEE伊是咖啡	http://www.iscoffee.com.tw/iscoffee/
全國西雅圖極品咖啡	http://www.barista.com.tw/
全國丹堤咖啡	http://www.dante.com.tw/index.htm
全國伯朗咖啡館	http://www.kingcar.com.tw/
全國怡客咖啡	http://www.ikari.com.tw/

精選咖啡館

店名	地址	電話	推薦
老樹咖啡	台北市新生南路一段60號	(02) 2351-6463	黃金曼巴、黃金曼特寧、巴西席拉朵
蜂大咖啡	台北市成都路42號	(02) 2371-9577	綜合咖啡豆、調味咖啡
南美咖啡	台北市成都路44號	(02) 2331-3689	綜合咖啡豆
巴登咖啡	台北市天母東路69巷11-4號	(02) 2873-4024	台灣咖啡
瑪汀妮芝咖啡	台北市金華街243巷26號	(02) 2359-2568	牙買加100%頂級藍山咖啡、蘇門達臘努瓦克咖啡
RUFUOUS	台北市復興南路二段333號	(02) 2736-6880	綜合配方豆
GEORGE HOUSE	台北市金華街247號	(02) 2327-9937	野生Kappi猴子咖啡
普羅義大利咖啡館	台北市仁愛路四段345巷15弄4號	(02) 2731-1232	綜合咖啡豆
akuma caca	台北市四維路14巷6號B1	(02) 2701-9227	綜合咖啡豆
老爸咖啡	台北市忠孝東路一段11-1號	(02) 2391-3575	金牌豆、紅牌豆
La Crema 克立瑪	台北市光復南路280巷45號	(02) 2731-3264	綜合咖啡豆

店名	地址	電話	推薦
Ole Café 咖啡歐蕾	台北市南京東路五段123巷1弄15號	(02) 2769-5451	綜合咖啡豆
聞山自家焙煎咖啡館	台北市景中街19號	(02) 2933-4567	巴拿馬、聞山自家綜合豆
立斐米緹咖啡	台北市雲和街51號	(02) 2368-9489	綜合咖啡豆
波西米亞人義式人文咖啡館	台北市長安西路76號B1	(02) 2550-0421	單品咖啡豆
生態綠咖啡	台北市杭州南路一段14巷16號	(02) 2322-2225	公平貿易咖啡、雨林咖啡
Jan's E61 咖啡場所	台北縣永和市安樂路200號	(02) 2926-3870	綜合咖啡豆
9BAR 自家烘焙咖啡	桃園縣龜山鄉自強南路741號	(03) 320-8474	Blend Miracle、黑珍珠
平和專業咖啡	桃園縣桃園市中正路880號	(03) 357-3266	單品咖啡豆
豆舖咖啡新鮮烘焙屋	桃園市大興西路二段322號	(03) 341-2105	綜合咖啡豆
品馥咖啡	新竹市城北街142-1號	(03) 542-1168	綜合咖啡豆
品皇咖啡	新竹市自由路114號	(03) 531-5598	各種藍山、曼特寧
品皇咖啡	苗栗縣竹南鎮龍天路117號	(037) 473-499	各種藍山、曼特寧
老樹咖啡台中店	台中市平等街35號	(04) 2225-9191	黃金曼巴、黃金曼特寧、巴西席拉朵
歐舍咖啡	台中市西區五權路2-20號	(04) 2375-0214	肯亞、玻利維亞2009年冠軍
品皇咖啡	台中市公益路二段228號	(04) 2252-5888	各種藍山、曼特寧
紅豆自家烘焙工坊	台中縣大里市爽文路1046號	(04) 2406-7529	宏都拉斯馬卡拉、耶加雪菲
歐透咖啡殿堂	台南市裕平路358號	(06) 331-3276	單品咖啡豆
宇宙咖啡食品公司	高雄市復興一路105號	(07) 235-7373	單品咖啡豆
都提咖啡	高雄市吉林街86號	(07) 323-3988	精選配方豆
嗎啡館冬山店	宜蘭縣冬山鄉太和村楓橋路41巷7號	(03) 959-5470	黃金馬塔里、拉果亞、尼加拉瓜
嗎啡館羅東店	宜蘭縣羅東鎮公正路346號	(03) 957-5957	黃金馬塔里、拉果亞、尼加拉瓜
南菲咖啡屋	花蓮市民國路129號	(038) 361-538	高山咖啡
金湯達人咖啡	花蓮市中山路431號	(038)) 322-263	單品咖啡豆

Taster 011

一杯咖啡

經典&流行配方、沖煮器具教學和拉花技巧

編著　美好生活實踐小組
咖啡製作　蔣馥安、金一鳴、陳秉超
攝影　廖家威、林宗憶
美術編輯　潘純靈、鄭寧寧
編輯　彭文怡
校對　連玉瑩
企劃統籌　李橘
行銷企劃　呂瑞芸
總編輯　莫少閒
出版者　朱雀文化事業有限公司
地址　台北市基隆路二段13-1號3樓
電話　02-2345-3868
傳真　02-2345-3828
劃撥帳號　19234566 朱雀文化事業有限公司
e-mail　redbook@ms26.hinet.net
網址　redbook.com.tw
總經銷　大和書報圖書股份有限公司
ISBN　978-986-6780-81-3
初版四刷　2014.02
定價　220元

國家圖書館出版品預行編目

一杯咖啡：經典&流行配方、沖煮器具教學和拉花技巧／美好生活實踐小組編著.－初版.
－ 台北市：朱雀文化，2010.12
面；公分，（Taster 011）
ISBN 978-986-6780-81-3（平裝）
1. 咖啡
427.42　99021435

出版登記北市業字第1403號